N°



## BULLETIN ÉCONOMIQUE
## DE L'INDOCHINE

### INSPECTION GÉNÉRALE DE L'AGRICULTURE
### DE L'ÉLEVAGE ET DES FORÊTS

# COMPTE RENDU DES TRAVAUX
## 1928-1929

### V. — RÉPERTOIRE
DES
## ESSENCES FORESTIÈRES
INDOCHINOISES

HANOI

1930

## BULLETIN ÉCONOMIQUE
## DE L'INDOCHINE

### INSPECTION GÉNÉRALE DE L'AGRICULTURE
### DE L'ÉLEVAGE ET DES FORÊTS

# COMPTE RENDU DES TRAVAUX
## 1928-1929

## V. — RÉPERTOIRE
### DES
### ESSENCES FORESTIÈRES
#### INDOCHINOISES

E. FORBÉ, *Inspecteur des forêts d'Indochine* :
ĐỒNG-PHÚC-HỒ, *Agent technique des forêts d'Indochine*.

HANOI
—
1930

# SOMMAIRE

# Répertoire des essences forestières indochinoises

*E. FORBÉ Inspecteur des Forêts d'Indochine*

*DONG-PHUC-HO agent technique des Forêts d'Indochine*

## INTRODUCTION

Les recherches forestières en Indochine commencées depuis de longues années par plusieurs botanistes, sont confiées à un grand Laboratoire au Muséum d'Histoire Naturelle à Paris, qui travaille sur les échantillons qui lui sont envoyés par l'Institut des Recherches Agronomiques de Saigon, et par de nombreux récolteurs bénévoles dont beaucoup ne connaissent pas la langue du pays.

Aussi ne faut-il pas s'étonner de rencontrer dans les publications qui traitent de la Flore de l'Indochine, de nombreuses erreurs en ce qui concerne les noms vernaculaires et la répartition des essences.

En ce qui concerne les noms vernaculaires notamment les récolteurs ont englobé sous cette rubrique toutes les indications plus ou moins fantaisistes ou plus ou moins bien comprises que leur donnaient les indigènes qu'ils questionnaient.

Il s'ensuit que beaucoup de ces noms vernaculaires sont plutôt des associations complexes d'indicatifs de station, couleur, usages, aspect, odeur, etc... dont nous donnons plus loin la liste, plutôt que des noms d'essences forestières.

D'autre part, dans un certain nombre de brochures présentées dans la Métropole, on a donné à certains bois d'Indochine des noms provenant de leur assimilation à des bois connus de la Métropole. C'est ainsi que l'on a proposé d'appeler le Mélia Azadiracta (L) ACAJOU ROSE DU TONKIN, le Tarrietia cochinchinensis, (Pierre) ACAJOU DU CAMBODGE et certain diptérocarpus, CHÊNE DU CAMBODGE (pour cette dernière appellation une difficulté d'un autre genre se présente alors : comment appellera-t-on sur le marché les divers quercus du Cambodge ?).

Il en résulte à l'heure actuelle dans le commerce et dans l'industrie des bois une confusion qu'il faut faire cesser en RESTITUANT à nos essences forestières et à nos produits forestiers le NOM COMMERCIAL sous lequel ils sont connus en Indochine

Tel est le but de ce répertoire dont la première partie donne des appellations indigènes, et la seconde les noms botaniques des espèces forestières par lettre alphabétique

# Règles qui ont présidé à la désignation commerciale des produits

Les produits ligneux provenant de différentes espèces forestières du genre *diptérocarpus* du Sud de l'Indochine sont connus et désignés sur le marché sous le nom générique de *Dầu* ; de même, dans le Nord on désigne sous le nom de *Giẻ*, le bois fourni par différents *Quercus*, *Pasania*, etc...

Nous avons donc décidé de désigner les essences forestières par le nom employé le plus couramment sur le marché pour désigner les produits ligneux qu'elles fournissent.

Ainsi, les désignations commerciales de *Dầu* et de *Giẻ* sont appliquées respectivement dans le répertoire aux espèces forestières fournissant le produit appelé *Dầu*, *Giẻ* sur le marché.

Les qualités et les propriétés de ces produits sont conditionnées tout autant par les conditions de croissance (station, climat, altitude, etc...) que par les différences botaniques d'espèces et même de genres. Des espèces botaniques différentes pourront donner dans une même station des produits ligneux identiques de qualité, alors qu'une même espèce botanique pourra donner dans les stations distinctes des bois de qualités différentes.

Il appartient donc au commerçant de bois, de s'occuper de la provenance et de l'origine des produits qu'il achète. Il en est d'ailleurs ainsi en France où le *chêne* par exemple, nom commercial d'essences forestières appartenant à un groupe de *Quercus*, a des qualités très diverses suivant qu'il provient du sud ou du nord de la France.

La première partie du répertoire donne : 1° par lettre alphabétique tous les noms vernaculaires, toutes les associations d'indicatifs données par les divers récolteurs ; 2° la prononciation aussi approchée que possible de ces noms ; 3° le dialecte employé ; 4° pour les principaux produits, la quantité exploitée annuellement ; 5° la famille ; 6° le nom scientifique ; 7° les régions produisant les produits sous les abréviations suivantes : N. I. *Nord-Indochine*, S. I. *Sud-Indochine* accompagnées de l'indication R *rare* ou A *abondant* ; 8° la désignation commerciale du produit sur le marché (*nom commercial*).

La 2° partie donne : 1° par lettre alphabétique le nom scientifique de l'espèce botanique suivi du nom de l'auteur ; 2° la référence scientifique ; 3° la désignation commerciale du produit sur le marché (*nom commercial*) ; 4° les noms vernaculaires et associations d'indicatifs divers avec indication de la langue ou du dialecte employé.

## ANNEXE A

RÉPERTOIRE DE LA DOCUMENTATION SCIENTIFIQUE

| NUMÉROS d'ordre | TITRE DES OUVRAGES | AUTEURS |
|---|---|---|
| 1 | Flore générale de l'Indochine | H. Lecomte |
| 2 | Bois de l'Indochine | H. Lecomte |
| 3 | Inventaire des bois du Tonkin | A. Chevalier |
| 4 | Flore forestière de Cochinchine | Pierre |
| 5 | Catalogue des Produits de l'Indochine | Lemarié |
| 6 | Etude sur les bois d'Indochine faite à l'Arsenal de Saigon | A. Chevalier |
| 7 | Nomenclature des principales essences forestieres de Cochinchine | E. Richard |
| 8 | Flora of Bristish india | Hooker |

## REMARQUES

En outre des associations d'indicatifs, dont nous donnerons la liste plus loin, qui ont souvent faussé les noms véritables des espèces forestières on rencontre dans la plupart des ouvrages traitant de la flore forestière indochinoise, quelques appellations constamment répétées, précédant le nom véritable de l'espèce.

Cette addition est venue compliquer encore la situation notamment dans la classification par ordre alphabétique. Ce sont les appellations suivantes :

| | | | | |
|---|---|---|---|---|
| 1º **Cây** | qui | signifie en Annamite | | arbre ; |
| 2º **Gô** | — | — | — | bois ; |
| 3º **Co** | — | — | Thô, Thai, Laotien | arbre ; |
| 4º **Mây** | — | — | | bois ; |
| 5º **Dok** | — | — | Bas Laotien | arbre ; |
| 6º **Chhoeu** | — | — | Cambodgien | bois ; |
| 7º **Dom** | — | — | | arbre ; |
| 8º **Mac** | — | — | Thô, Thai, Laotien | fruit ; |
| 9º **Quâ** | — | — | Annamite | fruit ; |

qui sont d'ailleurs très souvent orthographiées de manières différentes :

Ainsi :

Co = ko, kua, kho, khoua, kok, kop...
mac = mak, ma, nak...
may = me maï...

Evidemment, dans la conversation, lorsque l'on parlera de bois de *lim*, il y aura lieu de prononcer les deux mots, *bois*, et *lim* : gô-lim ; de même lorsqu'il s'agira d'arbres de cette espèce il conviendra de dire : *cây lim*. Mais, ces appellations supplémentaires n'ont aucune raison de figurer dans un répertoire, et nous les avons éliminées du présent travail, excepté quelques unes qui, à notre connaissance, font partie intégrante des noms d'espèces.

La langue ou le dialecte employé dans le répertoire est indiqué par les initiales ci-après :

T = Tonkinois.
A = Annamite.
C = Cochinchinois.
L = Laotien.
K = Cambodgien.
BL = Bas-Laotien.
Kh = Khmer.
Th — Thai ou Thô.
mo = moï.
ma — mán.
mu — mường.
Ch — Chinois.

Dans le langage parlé, il y aura lieu pour désigner les essences, de faire précéder de :

Dom tous les noms d'essences suivis de (K)
    Ex : Kroeul (K) — Dom kroeul.
Chhoeu tous les noms suivis de (Kh)
    Ex : Teal (Kh) = Chhoeu Teal.
Dok tous les noms suivis de (B. L.)
    Ex : Hom (B. L.) = Dok hom.
Co, may ou Co may à la fois tous les noms suivis de (Th) ou (L.)
    Ex : Có deng (Th) — may có deng.

## NOTA

Lorsque l'arbre donne des fruits utilisables, le Thô, le Thaï ou le Laotien a l'habitude d'employer le qualificatif « *mac* » qui précède toujours le nom de l'arbre.

Soit le « *Cây gioc* » (garcinia tonkinensis) dont le fruit donne une huile estimée, le Thô l'appelle couramment :

Co mac bao

le *cây mit* (artocarpus integrifolia) est connu sous le nom de :

Co mac my

# TABLEAU DES QUALIFICATIFS

## NOTICE

Nous donnons ci-après un relevé général des qualificatifs les plus couramment employés et qui ont très souvent été confondus avec les noms des espèces forestières. Ces qualificatifs sont de différents ordres que nous avons classés comme suit :

1er Qualificatifs de nature ;

| 2e | — | d'aspect ; |
| 3e | — | de couleur ; |
| 4e | — | de station ; |
| 5e | — | de consistance ; |
| 6e | — | de saveur ; |
| 7e | — | d'odeur ; |
| 8e | — | d'usage ; |
| 9e | — | particuliers. |

---

### QUALIFICATIFS DE NATURE

| | | | | | |
|---|---|---|---|---|---|
| Bầu | L | feuille | **Mak** | L | **Fruit** |
| **Cây** | A | **Arbre** | Màn | L | tubercule |
| Chai | A | résine | Máu | A | sang (latex rougeâtre |
| **Chhœu** | K | **Bois** | | | |
| Chœr | K | résine | **Mạy** | L | **Bois** |
| **Cơ** | L | **Arbre** | Mo | L | — |
| Cỏ | A | herbe | Mộc | A | bois |
| Cu | A | tubercule | Mou | Ch. | — |
| Dang | L | résine | Na | L | fruit |
| Dây | A | Liane | Nak | L | — |
| Đậu | A | Haricot | Nâng | L | écorce |
| **Dok** | B. L. | **Arbre** | Nhà | L | herbe |
| **Dom** | K | **Arbre** | Nhựa | A | résine |
| Gai | A | épine | Nôm | L | lait |
| Giàu | A | huile | Noong | L | pus (latex) |
| Giây | A | Liane | Phoo | L | bambou (non générique) |
| Gnà — nhà | L | herbe | | | |
| **Gỗ** | A | **Bois** | Pürre | L | écorce |
| Hao | L | huile | **Quả** | A | **Fruit** |
| Hột | A | graine | Rao | L | huile |

| | | | | | |
|---|---|---|---|---|---|
| Khaou | L | liane | Rễ | A | racine |
| Khau | L | — | Rosey | K | bambou |
| **Kho** | L | **Arbre** | Sàmbak | K | écorce |
| Khœua | L | — | Saulok | K | feuille |
| Khua | L | — | Sàu | Ch. | herbe |
| **Ko** | L | — | | | |
| Kok | L | — | Tau | L | liane |
| Kop | L | — | | | |
| | | | Thío | A | herbe |
| Kua | L | — | Thau | L | liane |
| Lá | A | feuille | Thdau | K | rotin |
| Lông | A | poil | **Tre** | A | **Bambou** (nom générique) |
| Lirot | L | sang (latex rougeâtre) | Vỏ | A | écorce |
| Ma | L | fruit | | | |
| Maa | L | — | | | |
| **Mae** | L | — | | | |
| Maï | L | bois | | | |

QUALIFICATIFS D'ASPECT

| | | | | | |
|---|---|---|---|---|---|
| Bã mía | A | résidu de canne à sucre sucée | Lái | L | veiné |
| | | | Laag | A | panaché |
| | | | Lụa | A | soie (satiné) |
| Bông | C | fleur (veiné) | Mặt q'ty | A | figure de Diable (fruit ridé) |
| Bông lau | C | fleur de roseau (ocellé) | | | |
| | | | Mưc | A | sèche (homogène) |
| Cau | A | noix d'arec (forme des f.) | | | |
| | | | Ối | A | goyavier (d' l'écorce ressemblé à celle du goyavier) |
| Chi | A | fil (grain fin) | | | |
| Cuóm | A | moiré | | | |
| Cứt lợn | A | Excrément de porc (forme des f.) | | | |
| | | | Ruột gà | A | entraille de poulet (pelotonné) |
| Dùi gà | A | pied de poulet (veines en V étagées) | | | |
| | | | Sừng | A | corne (corné) |
| | | | Thưa | A | grain lache |
| Hang ni | L | queue de rat (effilé) | Vầy | A | écaille (asp' écailleux) |
| Hoa | A | fleur (veiné) | Vú bò | A | mamelle de vache |
| Kẽt | L | écaille (aspect écailleux) | | | |

## QUALIFICATIFS DE COLORATION

| | | | | | |
|---|---|---|---|---|---|
| Bạc | A | argent (blanc) | Mốc | A | moisissure (gris blanc) |
| Con rái | A | loutre (gris) | Mỡ gà | A | graisse de poulet (j. tendre) |
| Đâm | L | noir | | | |
| Đào | A | rose | Mong | L | gris |
| Đen | A | noir | Muốc | G | gris blanc |
| | | | Nâu | A | marron |
| Đỏ | L | rouge | Nghệ | A | jaune safran |
| Đỏ lai | L | rouge intense | Sạc | K | blanc |
| Hồ | A | rouge | Sáy | L | œuf (jaune d'œuf) |
| Gan gà | A | foie de poulet | | | |
| Hoàng | A | jaune | Thanh bi | A | écorce verte |
| Hồng | A | rose | | | |
| Hung | A | rouge vineux | Tía | A | rouge vif |
| Khao | L | blanc | | | |
| Khảy | L | œuf (jaune d'œuf) | Tím | A | violet |
| Khẹo | L | vert | Trắng | A | blanc |
| Lâm | L | noir | | | |
| Lương | L | jaune | Vàng | A | jaune |
| Mật | A | miel (rouge brun) | Vàng tâm | A | cœur jaune |
| | | | Xanh | A | vert |
| Miệt | A | Violet (violacé) | | | |

## QUALIFICATIFS DE STATION

| | | | | | |
|---|---|---|---|---|---|
| Bản | L | village (cultivé) | Nhà | A | maison (cultivé) |
| Bốc | L | sur terre | Núi | A | montagne |
| Cát | A | sable | Nước | A | eau |
| Cha | L | faux forêt | Pả | L | forêt |
| | | | Phnom | K | montagne |
| Đá | A | pierre (sur rocher) | Phô | L | monticule |
| Đạ | A | faux (forêt) | Phù | L | montagne |
| Đất | A | sur terre | Pô | L | monticule |
| Đin | L | id | Prey | K | forêt |
| Đông | L | forêt | Pù | L | montagne |
| Đồng | A | plaine | Rừng | A | forêt |
| Hin | L | pierre (sur rocher) | Sạ | L | faux (forêt) |
| Khaou | L | montagne | Sải | L | sable |
| Khan | L | montagne | Su | L | jardin (cultivé) |
| Khoai | L | ruisseau | Ta | A | indigène (cultivé) |
| Khuôi | L | id | | | |
| Linh | L | singe (forêt) | Tàu | A | chinois (exotique) |
| Nậm | L | eau | Tây | A | Français ( id ) |
| Nguồn | L | forêt noire | Vườn | A | jardin (cultivé) |
| | | | Xạ | L | faux |

## QUALIFICATIFS DE CONSISTANCE

| | | | | | |
|---|---|---|---|---|---|
| Bộp | A | léger | Khi lẹp | L | débris de forge (très dur) |
| Dok | L | fer | Khi Phoung | L | gangue (très dur) |
| Dou | L | os | Ki dok | L | débris de forge |
| Douk ou đác | L | os | Lêch | L | fer (très dur) |
| Foi | L | coton (léger) | Lẹp | L | id id |
| Kén | L | dur | Sắt | A | id id |
| Khén | L | id | Nét | A | argile compact lourd) |
| Kheng | L | id | Xương | A | os (dur) |

## QUALIFICATIFS DE SAVEUR

| | | | | | |
|---|---|---|---|---|---|
| Chua | A | aigre | Muối | A | sel |
| Fatt | L | âcre | Phát | L | âcre |
| Khóm | L | Amer | Sôm | L | aigre |

## QUALIFICATIFS D'ODEUR

| | | | | | |
|---|---|---|---|---|---|
| Hôi | A | puant | Màn | L | fétide |
| Hom | L | odorant | màn âu | L | très fétide |
| Hương | A | odorant | màn chó | L | id |
| Khét | A | odeur suffocante | Thôi | A | fétide |
| Long não | A | Cerveau de Dragon (très odorant) | | | |

## QUALIFICATIFS D'USAGE

| | | | | | |
|---|---|---|---|---|---|
| An quả | A | fruit comestible | Nến | A | bougie |
| Báng súng | A | crosse de fusil | Nhuộm | A | teinture |
| Chèo | A | rame | Nón | A | chapeau |
| Chừa | L | corde | Rá | A | panier, corbeille |
| Héo | A | lien d'attache | Sơn | A | laque |

## QUALIFICATIFS PARTICULIERS

| | | | | | |
|---|---|---|---|---|---|
| Cái | L | démangeaison (pubescent) | Nhớn | A | grand |
| Ca tac | C ? | | Pá | L | touffe |
| Ca tc | C ? | | Pháng | A ? | |
| Con | A | petit | Quàn tử | A | loyal (bamhou) |
| Cuống | A ? | | Rọc | A | fendre (bambou) |
| Ghè | A ? | | | | |
| Giai | A | coriace | Rút | A | étirer (se dit des bambous. |
| Lớn | A | grand | Té | A | ordinaire (qualité médiocre) |
| Sép | A | grand (qualité bonne) | Tép | A | crevettes (petit) |
| Nhấp | L | résistant (se dit de l'écorce) | Tiêu | A | poivre (id) |
| | | | Tauch | K | petit |
| Nhỏ | A | petit | Thom | K | grand |

RELEVÉ GÉNÉRAL DES QUALIFICATIFS EMPLOYÉS COURAMMENT DANS LE PRÉSENT RÉPERTOIRE

**A**

| | | |
|---|---|---|
| An quả | A | dont on mange les fruits |

**B**

| | | |
|---|---|---|
| Bạc | A | argent (bl. d'Argent) |
| Pả mía | A | résidu de canne à sucre sucée |
| Ban | L | village (cultivé) |
| Báng súng | A | Crosse de fusil |
| Bản | L | feuille |
| Bôe | L | sur terre |
| Bông | C | fleur (veiné) |
| Bông lau | C | fleur de roseau (ocellé) |
| Bốp | e | Léger |

**C**

| | | |
|---|---|---|
| Can | L | démangeaison (poil) |
| Cát | A | sable |
| Ca tac | C ? | |
| Ca 'e | C ? | |
| Cau | A | noix d'arec |
| **Cây** | A | **Arbre** |
| Cha | L | (faux forêt) |
| Chai | A | poix ou résine |
| Chèo | A | rame |
| **Chhoeu** | K | **Bois** |
| Chi | A | fil (graine fin) |
| Chor | K | résine |
| Chua | A | aigre |
| Chừa | L | corde |
| **Co** | L | **Arbre** |
| Cỏ | A | herbe |
| Con | A | petit |
| Con rái | A | loutre (gris) |
| Cu | A | tubercule |
| Cuốm | C | moiré |
| Cuồng | H. T. | |
| Cứt heo | A | excrément de porc |

**D**

| | | |
|---|---|---|
| Dại | A | faux (forêt) |
| Dầu | L | résine |
| **Dây** | A | **Liane** |

**Đ**

| | | |
|---|---|---|
| Dá | A | Pierre |
| Dam | L | noir |
| Dào | A | rose |
| Dất | A | sur terre |
| **Dầu** | A | **Haricot** |
| Dek | L | fer |
| Den | A | noir |
| Deng | L | rouge |
| Deng lai | L | rouge intense |
| Din | L | sur terre |
| Dó | A | rouge |
| **Dok** | B. L. | **Arbre** |
| **Dom** | K | **Arbre** |
| Đồng | L | forêt |
| Đồng | A | plaine |
| Dou (đúc) | L | os |
| Touk (đúc) | L | id |
| dui gà | A | Pied de poulet |

**F**

| | | |
|---|---|---|
| Fatt … (phát) | L | âcre |
| Foi … (phái) | L | coton (léger) |

**G**

| | | |
|---|---|---|
| Gai | A | épine |
| Gan gà | A | foie de poule |
| Gihó | A ? | |
| Giai | A | coriace |
| **Giầu** | A | **Huile** |
| **Giây** | A | **Liane** |
| Gnà – nhà | L | herbe |
| **Gỗ** | A | **Bois** |

**H**

| | | |
|---|---|---|
| Hao | L | huile |
| Hang nu | L | queue de rat |
| Hèo | A | lien d'attache |
| Hia | L | pierre |
| Hoa | A | fleur (veiné) |
| Hoàng | L | jaune |
| Hối | A | puant |
| nom | L | odorant |
| Hồng | A | rose |

| | | |
|---|---|---|
| Hôt | A | graine |
| Hung | A | rouge vineux |
| Hương | A | odorant |
| **K** | | |
| Kên | L | dur |
| Kêt | L | écaille |
| Khao | L | blanc |
| Khao | L | liane ou montagne |
| Khau | L | liane ou montagne |
| Khay | L | œuf (jaune) |
| Khên (kêa) | L | dur |
| Khong | L | dur |
| Khen | L | vert |
| Khêt | A | odeur suffocante |
| Khi lêp | L | éclat de fer forgé (dur) |
| Khi Phœung | L | gangue (dur) |
| **Kho (eo)** | L | **Arbre** |
| Khoai | L | ruisseau |
| Khôa | L | amer |
| Khoua (eo) | L | arbre |
| Khua (eo) | L | id |
| Kuoi | L | ruisseau |
| Kidêh | L | éclat de fer forgé |
| **Ko** | L | **Arbre** |
| Kok (eo) | L | id |
| Kop (eo) | L | arbre |
| Kua (eo) | L | id |
| **L** | | |
| La | A | feuille |
| Lai | L | veiné |
| Lâm | L | noir |
| Lang | L | panaché |
| Liêh | A | fer |
| Lep (lêen) | L | id |
| Long (liah) | L | singe (forêt) |
| Lôn | L | grand |
| Long nio | A | cerveau de dragon (odorant) |
| Lông | A | poil |
| Lua | A | soie (satiné) |
| Lương | L | jaune |
| Luot | L | sang (rouge) |
| **M** | | |
| Ma | L | fruit |
| Mau | L | id |
| **Mac** | L | id |
| Maï | L | arbre |
| **Mak** | L | Fruit |
| Màn | L | bois puant |
| Màn âu | L | sentant très mauvais |
| Màn chò | L | id |
| Man | L | tubercule |
| Mât | L | miel (rouge brun) |
| Mât qùy | A | figure de diable (plat et ridé) |
| Mâu | A | saug |
| **May** | L | **Bois** |
| Me | L | bois |
| Miêt | A | violet |
| Môn | A | bois |
| Môe | A | moisissure (gris bl.) |
| Mõ gà | A | graisse de poule |
| Mong | L | gris |
| Mon | ch | bois |
| Muôn | A ? | |
| Muôi | A | sel |
| Mưe | A | seiche (homogène) |
| **N** | | |
| Na (mae) | L | fruit |
| Nak (mae) | L | id |
| Nam | L | eau |
| Näng | L | écorce |
| Nân | A | marron |
| Nô? | A | bougie |
| Nêp | A | gluant (bonne qualité) |
| Nghê | A | curcuma (jaune safran) |
| Nguôn | L | forêt noire |
| Nhà | A | maison cultivé |
| Nhä | L | herbe |
| Nhap | I | coriace résistant |
| Nho | A | petit |
| Nhön | A | grand |

| | | |
|---|---|---|
| Naua | A | résine |
| Nhuôm | A | teinture |
| Nôm | L | lait |
| Nón | A | chapeau |
| Noeng | L | latex |
| Nui | A | montagne |
| Nuộc | A | eau |

**O**

| | | |
|---|---|---|
| Oi | A | goyavier |

**P**

| | | |
|---|---|---|
| Pa | L | forêt ou touffe |
| Pha (pa) | L | id |
| Phang | A ? | |
| Phat | L | âcre |
| phdau | K | rotin |
| Pheo | L | nom générique de bambous |
| Phnom | K | montagne |
| Phô (pô) | L | monticule |
| Phù (pù) | L | montagne |
| Pô | L | monticule |
| Prey | K | forêt |
| Pù | L | montagne |
| Pước | J. | écorce |

**Q**

| | | |
|---|---|---|
| Qua | A | fruit |
| Quân tử | A | loyal, chevaleresque |

**R**

| | | |
|---|---|---|
| Rà | L | panier |
| Rao | A | huile |
| Re | A | racine |
| Roe | K | fendre |
| Rosey | A | bambou |
| Rừng | A | forêt |
| Ruột gà | A | entrailles de poule |
| Rút | L | étirer |

**S**

| | | |
|---|---|---|
| Sa | L | faux forêt |
| Sai | J. | sable |
| Sambak | K | écorce |
| San lok | K | feuille |
| Sar | K | blanc |
| Sắt | A | fer |
| Sâu | Ch. | herbe |
| Say | L | œuf |
| Sôm | L | aigre |
| Sơn | A | laque |
| Sừng | A | corne |
| Suone | L | jardin |

**T**

| | | |
|---|---|---|
| Ta | A | indigène (cultivé) |
| Tau | L | Eau |
| Táu | A | Chinois (exotique) |
| Tây | A | Français ( id ) |
| Te | A | ordinaire (qualité médiocre) |
| Tép | A | crevette (petit) |
| Thanh hi | A | écorce verte |
| Thảo | A | herbe |
| Thau | L | liane |
| Thôi | A | fétide |
| Thơm | K | grand |
| Thưa | A | grain lâche |
| Tia | A | rouge vif |
| Tiêa | A | poivre (petit) |
| Tim | A | violet |
| Trắng | A | blanc |
| Tre | A | Bambou (nom générique) |
| Taseh | K | petit |

**V**

| | | |
|---|---|---|
| Vàng | A | jaune |
| Vàng tâm | A | cœur jaune |
| Vây | A | écaille |
| Vo | A | écorce |
| Vú bò | A | mamelle de vache |
| Vườn | A | jardin (cultivé) |

**X**

| | | |
|---|---|---|
| Xạ | L | faux (forêt) |
| Xanh | A | vert |
| Xét | A | argile (compact, lourd) |
| Xương | A | os |

**Y**

| | | |
|---|---|---|
| Yu | Ch. | huile |

# NOMS VERNACULAIRES

| Nom vernaculaire | Prononciation | Dialecte | Volume annuel exploité en m³ | Famille | Nom scientifique de l'espèce botanique | Zone de végétation Degré d'abondance | Nom commercial indochinois |
|---|---|---|---|---|---|---|---|
| **A** | | | | | | | |
| **Ac ho** | Ac ho | A | | Bixacées | Bixa orellana | | Ac ho |
| Ari cat | Crgac cati | K | | Tiliacées | Brownlowia emarginata tabularis | | Lôio |
| A bhou | A bhou | A | | Rubiacées | Stephegyne parvifolia | | Ca gam |
| Aloang ho lnana | Aloang ho lnang | mo | | Euphorbiacées | Baccaurea annamensis | | Giền dat |
| Aloang canaysa lua | Aloang canaille su la fle | mo | | Cornacées | Mangium costatum | | N'tz |
| Aloang dong de | Aloang mangue de | mo | | Euphorbiacées | Endospermum chinensis | | Vang ta nu |
| Aloang luv sa lvng | Aloang belle ... | mo | | Euphorbiacées | Mallotus philippinensis | | Bodu |
| Aloang mia ... | Aloang manque busill | mo | | Euphorbiacées | Macaranga Fleuriorum | | Man lara |
| Aloang lau. | Aloang ringue | mo | | Araliacées | Trevesia palmata | | Toui da loàna |
| Alua ... deua | Alua ... | mo | | Euphorbiacées | Tritaxis Gaudichaudii | | Ba Ya |
| A lnau sa vri | Alnau ... esavii | m | | Euphorbiacées | Baccaurea oxycarpa | | Giền dat |
| A luau te he | Alnau lau lau | | | Euphorbiacées | Microdesmis caseariaefolia | | Canch de |
| Amloc cuos | Amloc ... | K | | Ebenacées | Diospyros filipendula | | Vân de |
| Amloang Ernsa | Amloang ... | K | | Sterculiacées | Heritiera littoralis | | Cui |
| Ampil | Ampil | K | | Légumineuses caes | Tamarindus indica | | Me |
| Ampil ...a | Ampil toge | K | | Légumineuses mim. | Pithecolobium dulce / Inga dulcis | | Keo |
| Anigong prahol | Aigan prahol | k | | Lauracées | Notaphoebe umbelliflora | | Bat lic |
| Asu savu | ... fin | K | | Légumineuses caes | Cassia nattera | | Muồng ... |
| Ang ker dos | ... | K | | Légumineuses p | Sesbania grandiflora | | Da dc ta |
| Ang kel | Angae kel | K | | Légumineuses caes. | Cassia siamea | | Muồng ... |
| A. kol | Ang kol | A | | Myrtacées | Eugenia ... | | Tr... |
| Asaoi ... | Vrgne belle Elancou | k | | Ebenacées | Diospyros ebenum | | Mu.. |
| Ansell sroti | An su sou | k | | Tiliacées | Elaeocarpus petiolatus | | Lôm Côm |
| Ap anh | Appe ogne | T | | Ulmacées | Celtis australis | | Sen |
| Ar... | Vcaugu | K | | Diptérocarpées | Hopea ferrea | | Sang dao |
| Arnan | ... ogue | K | | Lauracées | Cyanodaphne cuneata | | Cà day. |
| Aldang | ... ogue | R | | Diptérocarpées | Hopea ferrea | | Sang dao |
| Anbac ... | ... | K | | Rubiacées | Hymenodictyon excelsum | | Tai nghe |
| **B** | | | | | | | |
| Ba hep | Ba hepu | A | | Sterculiacées | Commersonia echinata var. platyphylla | | Tuong |
| Ba bat | Ba bat | A | | Garruacées | Aleurites chinense | | Thôi |
| **Ba bình** | Ba bigne | A | | Saxifragacées | ... | | ... |
| **Bac** | Bac | A | | Celastracées | Kurrimia robusta | | Bên |
| Bau | Bau | L | | Diptérocarpées | Anisoptera cochinchinensis | | Vên vên |
| **Bách** | Bec | A | | Conifères | Araucaria excelsa / Cupressus funebris | | Rên |
| Bạch đàn | Les dane | A | | Méliacées | Dysoxylon Loureiri | | Huỳnh đường |
| Bách diệp | Les zepp | A | | Conifères | Cupressus funebris | | Bách |
| **Bạch dương** | Les damper | A | | Santalacées | Santalum album | S. L. B. | **Bạch dương** |
| Ba chu | Ba chu | A | | Méliacées | Aglaia Merostela | | Gôi |

| Nom vernaculaire | Pronunciation | Densité | Volume annuel exploité en M³ | Famille | Nom scientifique et l'espèce botanique | Zône de végétation / Degré de dureté | Nom commercial indochinois |
|---|---|---|---|---|---|---|---|
| Bà chó | Ba cho | A | | Ilicacées | Ilex rotunda | | bà chó |
| [illegible] | [illegible] | A | | Conifères | Araucaria excelsa | | [illegible] |
| Biên tùng | [illegible] | A | | Conifères | Podocarpus cupressina | | Nam pơmu |
| [illegible] | [illegible] | A | | Sapindacées | Aesculus chinensis | | Kền |
| Ngr lá | [illegible] | | | Légumineuses | Croton moluccana | | [illegible] |
| [illegible] | [illegible] | | | Sterculiacées | Sterculia populifolia | | bà thứa |
| Bo thứa | [illegible] | | | Sterculiacées | Sterculia { Platon / angustifolia / sigmarota / Thorelii } | | Ba thưa |
| [illegible] | [illegible] | L | | Diptérocarpées | Anisoptera cochinchinensis | | [illegible] |
| Bà Chia | [illegible] | A | | Célastracées | Lumnitzera [illegible] | | [illegible] |
| [illegible] | [illegible] | K | | Diptérocarpées | Shorea vulgaris | | Chai |
| [illegible] | [illegible] | [illegible] | | Méliacées | Aglaia gigantea | | [illegible] |
| [illegible] | [illegible] | [illegible] | | Légumineuses mim. | Pithecolobium acuminatum | | [illegible] |
| Bàn | [illegible] | A | | [illegible] | Sonneratia acida | | [illegible] |
| [illegible] | [illegible] | [illegible] | | Légumineuses cæsalp. | Bauhinia variegata | | [illegible] |
| [illegible] | [illegible] | [illegible] | | Rhizophorées | Bruguiera orthopetala | | [illegible] |
| [illegible] | [illegible] | A | | Connaracées | [illegible] | S [illegible] | [illegible] |
| Uàng | [illegible] | [illegible] | | Légumineuses | [illegible] | | [illegible] |
| [illegible] | [illegible] | [illegible] | | Rutacées | [illegible] | | [illegible] |
| [illegible] | [illegible] | X | | Myrtacées | [illegible] | | [illegible] |
| Bàng bi | [illegible] | A | | Moracées | Aglaia pulifera | | [illegible] |
| [illegible] | [illegible] | [illegible] | | Sapindacées | Schleichera trijuga | | Dầu trường |
| [illegible] | [illegible] | [illegible] | | Diptérocarpées | Dipterocarpus [illegible] | | [illegible] |
| [illegible] | [illegible] | X | | Lythrariées | Lagerstroemia Thorelii | | Bang lang |
| Bang lang | [illegible] | | tous var. | Lythrariées | Lagerstroemia toutes var. | X X [illegible] | Bang lang |
| [illegible] | [illegible] | X | | Punicacées | Duabanga sonneratioides | | Kông sơ |
| [illegible] | [illegible] | X | | Lythrariées | Lagerstroemia Duperreana | | Bang lang |
| [illegible] | [illegible] | X | | Lythrariées | Lagerstroemia angustifolia | | Bang lang |
| [illegible] | [illegible] | X | | Lythrariées | Lagerstroemia floribunda | | Bang lang |
| [illegible] | [illegible] | X | | Lythrariées | Lagerstroemia Flos Reginae | | Bang lang |
| [illegible] | [illegible] | X | | Lythrariées | Lagerstroemia crispa | | Bang lang |
| [illegible] | [illegible] | A | | Lythrariées | Lagerstroemia hirsuta | | Bang lang |
| [illegible] | [illegible] | X | | Combrétacées | Terminalia tomentosa | | Cà gần |
| [illegible] | [illegible] | X | | Combrétacées | Terminalia procera | | Bang |
| [illegible] | [illegible] | X | | Sapindacées | Schleichera trijuga | | Dầu trường |
| [illegible] | [illegible] | X | | Lythrariées | Lagerstroemia Duperreana | | Bang lang |
| [illegible] | [illegible] | X | | Rubiacées | Hymenodictyon excelsum | | Tai nghé |
| Bàn nước | [illegible] | A | | Punicacées | Sonneratia acida | | Bàn |
| Bàn ổi | [illegible] | A | | Punicacées | Sonneratia alba | | Bàn |
| [illegible] | [illegible] | X | | Myrtacées | Barringtonia sp. | | Bàng ổi |
| Bàn xe | [illegible] | L | pao | Légumineuses mim. | Adenanthera [illegible] | T [illegible] | Bàn xe |
| Bứa | [illegible] | Th. | | Guttifères | Garcinia tonkinensis | | Bứa |

| Nom vernaculaire | Prononciation | Dialecte | Volume annuel exploité en M3 | Famille | Nom scientifique et l'ordre étranger | Zone de végétation / Degré d'abondance | Nom commercial indochinois |
|---|---|---|---|---|---|---|---|
| Ba sui | *La sterde* | A | | Euphorbiacées | Macaranga denticulata | | Bap bap |
| Hat | *Jatba* | Th. | | Légumineuses | Strychnos nux vomica | | Cu chi |
| **Ba chua** | *Ba chua* | A | 800 | Sterculiacées | Sterculia Thorelii | N.L.R. | Ba chua |
| Bai ton | *Bai tong* | A | | Sterculiacées | Pterospermum heterophyllum ou diversifolium | | Lang mang |
| Bau cho | *Bau cho* | A | | Sapindacées | Pometia pinnata | | Truong |
| **Bau nau** | *Ganan trau* | A | 6 | Burséracées | Aesae majestaas | S.L.R. | Bau nau |
| Bay | *Bay* | Th. | | Burséracées | Canarium nigrum | | Cham |
| Bay bay | *Bouille bouille* | A | | Euphorbiacées | Croton Joufra ou Mallotus Cochinchinensis | | Vang |
| Be long | *Be longue* | R | | Sapindacées | Zollingeria Dongnaiensis | | Cam nui |
| Bg cor | *Be courte* | K | | Lauracées | Litsea Vang | | Hoa lo |
| Bon | *Bene* | H | | Légumineuses mim. | Pithecolobium Edanum | | Cuoc |
| Bexo | *Boxgu* | K | | Légumineuses céss. | Pahudia Cochinchinensis | | Huat |
| Be ve nai c | *Botan khout* | K | | Méliacées | Aglaia sp. | | Goi |
| **Ben nam** | *Bena trotu* | A | | Célastracées | Gymnosporia mekongensis | | Mac vang |
| Ben roa | *Bena troba* | A | | Tiliacées | Grewia Microcos | | Bung lai |
| Ben let | *Belle belle* | A | | Cornacées | Mangium sinense | N.L.R. | Thoa |
| Ben sinh | *Belle aigre* | K | | Sterculiacées | Terietia Cochinchinensis | | Huynh |
| Ben suoi | *Belle sans loque* | K | | Sterculiacées | Terietia Cochinchinensis | | Huynh |
| Be suoi | *Bel comme loque* | K | | Sterculiacées | [illegible] Cochinchinensis | | Hi linh |
| **Bi hai** | *Bi buille* | A | | Crassacées | [illegible] | | Ki nai |
| Bi soi | *Bi buille* | A | | Rutacées | Evodia trephata ou acronychia laurifolia | | Lua trang |
| **Binh bat** | *Bapa buille* | A | | Anacardées | Asosa [illegible] | | Rnro kai |
| **Binh linh** | *Bapa bapa* | C | 500 | Verbénacées | Vitex pubescens | S.L.R. | **Binh linh** |
| Binh nhau | *Bapa schouille* | | | Tiliacées | Schoutenia hypoleuca | | Lu |
| Binh nhau | *Bapa khmes* | | | Lauracées | Cryptocarya [illegible] | | Vang |
| Bo | *Bo* | | | Lécythidacées | Barringtonia acutangula | | Ba |
| **Bo** | *Bo* | | | Myrtacées | Sterculia Nobilis | | Vang |
| Bo | *Bo* | | | Euphorbiacées | Mallotus Cochinchinensis | | Xoai |
| Hoa Pov | *Hoa Pov* | | | Anacardiacées | Mangifera longipes | | Bo nao |
| **Bo bo** | *Bo bo* | C | 1.000 | Légumineuses (Césalpiniées) | Sindora sp. | S.L.R. | Muong |
| Bo cap danque | *Bo cap danque* | T | | Légumineuses céss. | Cassia javanica | | Muong |
| Bo cap nuoc | *Bo cap nuoc* | T | | Légumineuses céss. | Cassia floribunda | | Muong |
| **Ba de** | *Bo de* | A | 31.000 | Styracacées | Styrax tonkinensis | N.L.A. | Bo re |
| Bo soi de | *Bo soi de* | A | | Styracacées | Styrax sp. | | Bo de |
| Bo de trang | *Bo de longue* | A | | Styracacées | Styrax tonkinense | | Bo de |
| **Bo hon** | *Bo hona* | A | | Sarcospermacées | Sarcosperma Mekongensis | N.L.R. | Bo gioi |
| **Boi loi** | *Bouille bouille* | A | | Ehrétiacées | Buxus Garrettiana | | Bo ron |
| Boi loi | *Bouille bouille* | A | | Samydacées | Casearia membranacea | | Van lai |
| **Boi loi** | *Bouille bouille* | C | 6.000 | Lauracées | Litsea vang | S.L.A. | **Boi loi** |
| Boi loi | *Bouille bouille* | C | | Lauracées | Tetranthera monopetala | | Boi loi |
| | | | | | Notaphoebe Kingiana | | Boi loi |
| Boi loi long au | *Bouille bouille longue boue* | C | | Lauracées | Litsea Vang var. lobata | | Boi loi |
| Boi loi chen | *Bouille bouille gnylle* | C | | Lauracées | Litsea sp. | | Boi la |

| Nom vernaculaire | Prononciation | Dialecte | Volume annuel espèce en M³ | Famille | Nom scientifique de l'espèce (classif. botanique) | Zone de végétation. Degré d'abondance | Nom commercial indochinois |
|---|---|---|---|---|---|---|---|
| Bui lôi tô | [illegible] | C | | Lauracées | Litsea Pierrei | | Bui lôi |
| [illegible] | [illegible] | A | | Euphorbiacées | Tritaxis Gaudichaudii | | [illegible] |
| Bui lôi trang | [illegible] | A | | Lauracées | Litsea sp. | | [illegible] |
| Bui lôi vàng | [illegible] | A | | Lauracées | Notaphoebe umbelliflora | | [illegible] |
| Mã tât | [illegible] | A | | Légumineuses caes. | Gleditschia sinensis | | [illegible] |
| [illegible] | [illegible] | A | | Légumineuses [illegible] | Leucaena glauca | | [illegible] |
| Bom vàng | [illegible] | A | | Sterculiacées | Abroma augusta | | [illegible] |
| Bo nang | [illegible] | A | | Méliacées | Chisocheton glomeratus | | [illegible] |
| Bông hạc | [illegible] | A | 20 | Guttifères | Garcinia merguensis | N. L. B. | [illegible] |
| Bông su | [illegible] | I | | Pittosporées | Pittosporum sp. | | [illegible] |
| [illegible] | [illegible] | I | | Lauracées | Lindera sp. | | [illegible] |
| Bộp | [illegible] | A | 30 | Lauracées | Cinnamomum sp. | N. L. B. | Bộp |
| [illegible] | [illegible] | A | | Lauracées | Cinnamomum sp. | | [illegible] |
| [illegible] | [illegible] | A | | Lauracées | Cinnamomum sp. | | [illegible] |
| [illegible] | [illegible] | K | | Guttifères | Mesua ferrea | | [illegible] |
| [illegible] | [illegible] | K | | Malvacées | Hibiscus macrophyllus | | [illegible] |
| [illegible] | [illegible] | M | | Cupulifères | Quercus sp. | | [illegible] |
| [illegible] | [illegible] | A | | Légumineuses pap. | Desmodium [illegible] | | Vang |
| [illegible] | [illegible] | A | | Légumineuses mim. | Parkia streptocarpa | | [illegible] |
| [illegible] | [illegible] | A | | Anonacées | Mitrephora [illegible] | | [illegible] |
| **Bưu** | [illegible] | I | | Guttifères | Garcinia Oliveri | N. L. A. | [illegible] |
| | | | | Guttifères | Garcinia [illegible] | | |
| [illegible] | [illegible] | I | | Légumineuses | Strychnos nux-vomica | | [illegible] |
| [illegible] | [illegible] | A | | Guttifères | Garcinia fusca | | [illegible] |
| [illegible] | [illegible] | A | | Guttifères | Garcinia oliveri | | [illegible] |
| [illegible] | [illegible] | M | | Myrtacées | Eugenia sp. | | [illegible] |
| [illegible] | [illegible] | A | | Burséracées | Canarium nigrum | | [illegible] |
| **Bui** | [illegible] | A | | Ilicinées | Ilex Warmanni labilis | | [illegible] |
| [illegible] | [illegible] | A | | Ilicinées | Ilex Thorelii | | [illegible] |
| [illegible] | [illegible] | A | | Ilicinées | Ilex Cochinchinensis | | [illegible] |
| [illegible] | [illegible] | A | | Ilicinées | Desmodium Cochinchinensis | | [illegible] |
| [illegible] | [illegible] | A | | Ilicinées | Ilex labrida | | [illegible] |
| [illegible] | [illegible] | A | | Anacardiacées | Mangifera camphosperma | | [illegible] |
| **Bung** | [illegible] | A | | Légumineuses caes. | Gleditschia australis | | [illegible] |
| Bung | [illegible] | A | | Casuarinacées | Casuarina equisetifolia | | [illegible] |
| **Bung lai** | [illegible] | A | | Daltonacées | Tetrameles nudiflora | | [illegible] |
| **Bưởi** | [illegible] | A | | Rutacées | Citrus Maxima | | [illegible] |
| **Bưởi bung** | [illegible] | T | | Rutacées | Citrus nocturna | N. L. B. | [illegible] |
| Bưởi bung | [illegible] | T | | Rutacées | Acronychia laurifolia | | [illegible] |
| **Bươm** | [illegible] | A | | Ternstroemiacées | Adinandra ehrlelia | | [illegible] |
| Bươm vàng | [illegible] | A | | Diptérocarpées | Mangifera Hopeaflavus philippinensis | | [illegible] |
| **Buông vàng** | [illegible] | A | | Rosacées | Diplodiscus Dispermus | | [illegible] |
| **Búp búp** | [illegible] | A | | Euphorbiacées | Cratoxylon indica; Macaranga denticulata | | [illegible] |

**C**

| Nom vernaculaire | Prononciation | Dialecte | Volume annuel exploité en M³ | Famille | Nom scientifique de l'espèce botanique | Zone de végétation Degré d'abondance | Nom commercial indochinois |
|---|---|---|---|---|---|---|---|
| Cà | Cò | | | Euphorbiacées | Antidesma Ghaesembilla | | Chói mòi |
| **Cà rbác** | Cà rào | C | 10.000 | **Diptérocarpées** | **Shorea obtusa** | S. L. A. | **Cà chác** |
| **Cée hro** | [illegible] | A | | Légumineuses mim. | Parkia streptocarpa | | Lồng mức |
| Cà shit | Cà khitt | C | | Diptérocarpées | Sinopa obtusa | | Cà chác |
| Cà gi sửa | [illegible] sửa | R. J. | | Diptérocarpées | Shorea Cochinchinensis | | Nền |
| **Cà duối** | [illegible] | C | 80 | **Lauracées** | **Cyanodaphne cuneata** | S. L. B. | **Cà duối** |
| **Ca gao** | [illegible] | A | 200 | **Combrétacées** | **Terminalia tomentosa** | S. L. B. | **Ca gao** |
| **Ca giam** | K. gonom | A | | Rosacées | Sterculia parvifolia | S. L. B | Cà [illegible] |
| Cà [illegible] | [illegible] | A | | Myristicacées | Horsfieldia amygdalina | | Sang trao |
| **Ca lau** | ca laou | C | | Verbénacées | Pterospermum Cochinchinense | | Cà [illegible] |
| Cà lich | ca llich | C | | Combrétacées | Terminalia tomentosa | S. L. B | Cà gao |
| **Cà lô** | Cà lo | T | 2.500 | | [illegible] Julliferaginée | T. B. | Cà lô |
| **Cam** | [illegible] | C | 300 | Rosacées | Parinarium annamense | S. L. A. | Cam |
| **Ca ma** | camal | A | | Ternstroemiacées | Buxus Cochinchinensis | | Cà ma |
| Cam d'an | Camr deng | A | | Légumineuses mim. | Albizzia Lebbekoides | | Nền |
| **Câm lai** | Cam larh | A | 1.800 | **LEGUMIN PAPIL.** | Dalbergia mimosa | S. L. B. | **Câm lai** |
| | | | | | **Dalbergia bariensis** | | |
| | | | | | Dalbergia [illegible] | | |
| | | | | | Dalbergia dongnaiensis | | |
| Cam lai lang | Cam bille longa | A | | Légumineuses p. | Dalbergia Oliveri | | Cam lai |
| **Cam laug** | Cam longo | A | | Myrsinées | Harmsiopanax [illegible] | | Cam [illegible] |
| **Cam liêu** | Cam liou | A | 300 | **Diptérocarpées** | **Pentacme siamensis** | S. L. B. | **Cam liêu** |
| Cam [illegible] | Cam gara | A | | Rutacées | Acronychia laurifolia | | Bứ [illegible] |
| Cam m | Cam nanh | C | | Rutacées | Glycosmis Cochinchinensis | | Bưởi bung |
| **Câm thi** | Cam thi | A | 50 | **Ébénacées** | **Diospyros siamensis** | S. L. B | **Câm thi** |
| Cam [illegible] luong | Cam longo luongo | A | | Simarubacées | Ailanthus Fauveliana | | [illegible] |
| **Cam xe** | Cam xel | A | 10.000 | **Légumin. mim** | **Xylia dolabriformis** | S. L. A. | **Cam xe** |
| Ca [illegible] | ca [illegible] | A | | Burséracées | Canarium album | | Cà [illegible] |
| Ca [illegible] | cama | A | | Guttifères | Garcinia Gaudichaudii | | Vang nghệ |
| Ca [illegible] | [illegible] nel | C | | Tiliacées | Elaeocarpus madopetalus | | [illegible] |
| Ca [illegible] | Ca [illegible] | Thô | | Lauracées | Phoebe lanceolata | | Bời lời |
| Cau da. | Cau de da | A | | Rubiacées | Randia oxyodonta | | Dd |
| Câng | Congo | Thô | | Légumineuses mim. | Albizzia stipulata | | Chư |
| Câng ghe | Congo Zong | Thô | | Rubiacées | Adina cordifolia | | Ga |
| Cong hom [illegible] | Congo longo 2h com | Ma | | Sterculiacées | Ailanthus Fauveliana | | Cam tong huong |
| Câng [illegible] | Congo soto | A | | Rubiacées | Canthium parvifolium | | Găng |
| Câng [illegible] | Congo teo | C | | Rubiacées | Randia densiflorum | | Găng |
| Cà nim | Ca gnom | C | | Légumineuses pap. | Dalbergia Cochinchinensis | | Trắc |
| Càn [illegible] | [illegible] | Thô | | Rubiacées | Adina sessifolia | | Gáo |
| **Càn thang** | Cam thon. on | A | | Rubiacées | Premna latita | | Càn thang |
| Càn thang | Cam thong | A | | Rubiacées | Premna elephantum | | Càn thang |
| Cao | Cao | | | Euphorbiacées | Aleurites cordata | | Trầu |
| **Cà ôl** | Ca ouôle | A | 1.100 | **Fagacées** | **Castanopsis tribuloides** | N. A. A. | **Cà ôl** |

| Nom vernaculaire | Pronunciation | Dialecte | Volume annuel exploité en M³ | Famille |
|---|---|---|---|---|
| Cao ly vong | Cao ly vongue | N | | Rutacées |
| Cao sanh | Cao sanh | K | | Rutacées |
| Ca xi | Ca xi | Moï | | Rutacées |
| **Cây** | koâlc | N | | Invistacées |
| Cây ôi | koâlc truite | N | | Urticacées |
| Che anh | Tra trang | I | | Conifères |
| **Chạc khế** | Thà khê | T | 40 | Malvacées |
| Chà đậu | [illegible] | L | | Euphorbiacées |
| **Chai** | Toutte | C | | Diptérocarpées |
| Chà Xăn | Toutte xăn | C | | Diptérocarpées |
| Chàm | Toutte | N | | Légumineuses mim. |
| **Chàm** | Toutte | N | | Légumineuses mim. |
| Chồm | Toutte | C | | Myrtacées |
| Chồm a | Toutte ho | C | | Linnées |
| Chàm xoé patate | Toutte boc patauge | K | | Tiliacées |
| **Chàm** | Toutte | N | 11.000 | Broussonétiées |
| Chàm lác pằng | Toutte lac pois | k | | Ébénées |
| Chàm lác trac | Toupac lac trang | k | | Tiliacées |
| Chàm ưi | Toutte boa | k | | Ixonagiaphes |
| Chàm bơi | Toutte boa | N | | Combretacées |
| Chàm lọk bơràng | Toutte bọk bơràng | k | | Combretacées |
| Chàm ưom | Toutte tcbam | N | | Burséracées |
| Chàm đen | Toutte đen | N | | Burséracées |
| Chàm ương | Toutte bương | N | | Burséracées |
| **Cham ổi** | Toutte ouïte | N | | Lauracées |
| Chàm pác pràm | Toutte pà pràm | K | | Euphorbiacées |
| Chồm bơng | Toutte bơngôu | N | | Burséracées |
| **Chầu chim** | Tctoue tctvan | I | | Vernonacées |
| Chầu chim Gi | Tctoue tctvan conifi | N | | Araliacées |
| Giang | Tctoguc | N | | Rhizophorées |
| Giầu là | Tctoguc la | Tho | | Styracidées |
| Giang ma | Tctoguc ma | A | | Rhizophoracées |
| Chành chạch | Tham Tham | T | | Rhizophorées |
| **Chanh ôc** | Tcaïn ôc | A | | Erinomacées |
| **Chanh vệt** | Tcaïn vệte | T | | Burséracées |
| Chân sầu | Tctoue khưng | I | | Santalacées |
| Chân krang | Toutte tram | K | | Thyméléacées |
| Chân san | Toutte san | K | | Santalacées |
| **Thân** | Toutte | T | | Kruscées |
| Chầu tampang | Toutte tampang | K | | Sterculiacées |
| Chầu tơng | Toutte tơng | K | | Rubiacées |
| **Chàn vịt** | Tctoue vịt | A | | Acânucées |
| Chu | Thu | Tho | | Juglandées |
| Choo | Tcho | N | | Hamamélidacées |



| Nom scientifique de l'espèce botanique | Zône de végétation / Degré d'abondance | Nom commercial indochinois |
|---|---|---|
| Murraya exotica | | Nguyệt quí |
| Feronia lucida | | Cần thăng |
| Xerospermum laurifolia | | Bưởi bung |
| [illegible] Gravica | | Cày |
| Holoptelea integrifolia | | Chàm ổi |
| Podocarpus latifolia | | Kim giao |
| Dipterocarpus { obtectar ferrua / turbinatus | N. L. B. | Chạc khế |
| Sapium Cochinchinensis | | Xọi |
| Shorea vulgaris | S. L. B. | Cừ a |
| Shorea vulgaris | | Chai |
| Albizzia stipulata | | Còng |
| Parkia stabes | | Lồ a |
| Melaleuca leucadendron | | Tràm |
| Ixonanthes Cochinchinensis | | Bàna |
| Elaeocarpus lacuosus madagascatalus | N. L. A. | Lọ sồm |
| Cassia div. | | Cườk |
| Elaeocarpus lacunosus | | Lờ cầu |
| Elaeocarpus lanatus | | Lầm cầu |
| Oxalgia oliveri | | Cày |
| Terminalia tomentosa | | Xăng ca |
| Terminalia Catappa | | Bàng |
| Cratoxylon tonkinense | | Cừa |
| Gluticium nigrum | | Chàm |
| Gluticium sp. | | Chàm |
| Borassperus cassipareus | | Cừa ô |
| Daphniphyllum Pierrei | | |
| Casuarina equilsetum | | Chàm |
| Vitex heterophylla | | Cừa càng |
| Schefflera tonkinensis | | Dàng |
| Rhizophora mucronata | | Đước |
| Styrax tonkinense | | Bồ đề |
| Carallia lucida | | Sang na |
| Kandelia Rheedii | | Chành vệt |
| Micromissum cassearifolia | | Cừa ôc |
| Cassiura Rheedii | | Cừa vệt |
| Santalum album | | Bạch đương |
| Aquilaria Crassna | | Trầm hương |
| Santalum album | | Bạch đương |
| Wendlandia glabrata | | Cừa |
| | | |
| Randia densiflora | | Ta hu |
| Acra cassinea? | | Cừa vịt |
| Engelhardtia chrysolepis | | Chọ |
| Liquidambar formosana | | Sầu |

| Nom vernaculaire | Prononciation | Dialecte | Volume annuel exploité en M³ | Famille |
|---|---|---|---|---|
| Cho pa | Tỉa pa | L | | Cornacées |
| Cao phay | Tai faille | L | | Pandracées |
| Chœt | chœt | M. | | Bignoniacées |
| Chœœn | Lôi rane | M. | | Homaliacées |
| **Chap chœu** | Trap chœt | A | | LAURACÉES |
| Chœt | Tœtte | Tho | | Ulmacées |
| **Châu** | Tœuœu ? | L | | Juglandées |
| Châu | Tœou | A | | Euphorbiacées |
| Châu kram | Tœu krame | K | | Légum. mim. |
| Chau kessœa | Tœu kœuœa | K | | Thyméléacées |
| Chay | Tœuœ | A | | Moracées |
| **Chay** | Tœilh | A | | Sapotacées |
| Chay dai | Tœtte dœtte | A | | Rutacées |
| Chœœ | Tchœt | K | | Légumin. pap. |
| Chœx œœu | Tchœk rœnne | K | | Laurinées |
| Chœm | Tœtm | K | | Stérculiacées |
| **Chœa** | Tchœu | A | 7.000 | Juœassées |
| Chœu tien | Tchœu Ahne | A | | Juglandées |
| Chœu tia | Tchœu tia | A | | Juglandées |
| Chœu trœug | Tchœu tangue | A | | Juglandées |
| Chœ phœt | Tchœ faille | M | | Hamamélidées |
| Chœ quœy | Tchœ rœuœlh | A | | Homaliacées |
| Cœrœx | chœc | K | | Combrétacées |
| Chœl k sœng | Chœtk sœcre | K | | Combrétacées |
| Chœœg | Chœur | K | | Diptérocarpées |
| Chi | Chi | Tho | | Sapindacées |
| Chi lœu | Chi teuœe | Tho | | Sapindacées |
| Cœœx | Tchœur | K | | Légum. pap. |
| Chœœ | Chik | L | | Diptérocarpées |
| Chinh dœng | Chik dœugue | L | | Diptérocarpées |
| Chi chœœu | Tchi tchœu | M | | Fagœtes |
| Chiœu | Tchœtœu | A | | Sapindacées |
| **Chiœu liœu** | Tchœuœu tiœp | A | 600 | Combrétacées |
| Chiœu liœu dœug | Tchœuœu tiœu dœugue | A | | Combrétacées |
| Chiœu liœu mœt | Tchœuœu tiœu mœt | A | | Combrétacées |
| Chiœu liœu nœi | Tchœuœu tiœu nœuœil | A | | Combrétacées |
| Chiœu liœu nœgœ | Tchœuœu tiœu nœut | A | | Combrétacées |
| Chiœu liœu xœnh | Tchœuœu liœu angœ | A | | Combrétacées |
| Chik | Tchk | L | | Diptérocarpées |
| Chimœs | Tœla mœsœe | K | | Euphorbiacées |
| Chim chim | Tchim tchim | A | 1.800 | Araliacées |
| Chim chim rœng | Tchim Tchim jœngœe | A | | Sterculiacées |
| **Chinh dœng** | Tchigœr dœu | A | | Euphorbiacées |
| Chinh hœt | Tchigœu bœtte | A | | Erœmœuœacées |



| Nom scientifique ou Classification botanique | Zone de végétation / Degré d'abondance | Nom commercial indochinois |
|---|---|---|
| Alangium sinense | | Thôt |
| Duabanga sonneratioides | | Bông su |
| Stereospermum chelonioides | | Khé |
| Homalium griffithianum | | Sœng |
| BERCHEMIA SPARNOCARPA | | CHAP CROA |
| Girardinia sinensis | | Ngœn |
| **Carya tonkinensis** | N. T. R. | **Châu** |
| Aleurites montana | S. T. R. | Trœu |
| Xylia dolabriformis | | Chœu Xé |
| Aquilaria Agallocha | | Trầm hương |
| Artocarpus tonkinensis | N. T. R. | Khœai |
| Palaquium œœuœuœu | S. T. R. | Cuœy |
| Acronychia laurifolia | | Bưởi bung |
| Butea superba | | Rœng rœng |
| Cinnamomum sp. | | Hœu phœt |
| Tarrietia Cochinchinensis | | Huỳnh |
| Eœœunœuœœ toutes variétés | N. T. A. | Cœp |
| Engelhardtia chrysolepis | | Chœa |
| Engelhardtia chrysolepis | | Chœn |
| Engelhardtia chrysolepis | | Chœe |
| Liquidambar formosana | | Sœu |
| Homalium œgilœnœu | | Sœng |
| Terminalia tomentosa | | Cœ gœu |
| Terminalia tomentosa | | Cœ gœu |
| Dipterocarpus Dyeri | | Dœu |
| Litchi sinensis | | Vœi |
| Nephelium Lappaceum | | Tœhœu |
| Butea frondosa | | Rœng rœng |
| Shorea obtusa | | Cœ chœn |
| Vatica astrotricha | | Lœu tœu |
| Pasania dentata | | Sœi |
| Nephelium Bassasens | | Thiều |
| Terminalia { chebula / nigrovenulosa } | S. T. R. | Cœ lœ uœs |
| Terminalia nigrovenulosa | | — id — |
| Terminalia Bialocifllana | | Chiœu liœu |
| Terminalia corticosa | | Chiœu liœu |
| Terminalia papilio | | Chiœu liœu |
| Terminalia chebula | | Chœu liœu |
| Shorea obtusa | | Cœ-chœc |
| Chartocarpus castanocarpus | | Vœ |
| Schefflera octophylla | A. R. | Đœng |
| Sterculia brittla | | Trœm |
| Baccaurea sinocarpa | | Chœm đœu |
| Gluoxylon indicum | | Chinh đông |

| Nom vernaculaire | Dénomination | Dialecte | Volume annuel exploité en M³ | Famille | Nom scientifique de l'espèce botanique | Zone de végétation / Degré d'exploitation | Nom commercial indochinois |
|---|---|---|---|---|---|---|---|
| Chùm ồi | [illegible] | A | | Combrétacées | Terminalia corticosa | | Nang 51 |
| Chirôm | [illegible] | 110 | | Fagacées | Pinacia desikata | | Sở |
| Chùa sae | [illegible] | | | Cr astracées | Craesolendron glaucum | | Bi lai |
| Ch lô s lst sau doun | [illegible] Serie longue [illegible] | | 780 | Légum. pap. | | | Cao 51 |
| [illegible] | [illegible] | K | | Diptérocarpées | Hallurgia oliveri | | D... |
| Cho | [illegible] | A | | Rubiacées | Dipterocarpus Dyeri | | Lạng |
| Chò | [illegible] | A | | Diptérocarpées | Randia dumetorum | | Tro |
| **Chò** | [illegible] | C | 2.803 | Sapotacées | Dipterocarpus tonkinensis | | **Cho** |
| Cho chàn | [illegible] | C | | Diptérocarpées | Hopea [illegible] | S. L. R. | Nù [illegible] |
| Cho chỉn | [illegible] | F | | Diptérocarpées | Dipterocarpus tonkinensis | S. L. R. | Tr [illegible] |
| **Chae mộc** | [illegible] | A | | Symplocées | Balsamocarpon sellala | N. L. R. | [illegible] |
| **Chae mật** | [illegible] | A | | Lecomedées | Strombosia [illegible] | | [illegible] |
| [illegible] | [illegible] | [illegible] | | Diptérocarpées | Mesuara Ferruginea | | [illegible] |
| [illegible] | [illegible] | K | | Leur cées | Shorea | | [illegible] |
| **Chai** | [illegible] | A | 2.580 | Légum. cees | Cynoclaphne cuncata | | [illegible] |
| **Chai đả** | [illegible] | A | | Legum cées | Pinacea ivorensis | N. L. R. | [illegible] |
| **Caai mai** | [illegible] | A | 200 | Legum cées | Euxosmera Reno | | [illegible] |
| [illegible] | [illegible] | A | | Euphorbiacées | Xylopora [illegible] | N. L. R. | Cho sau |
| **Chai sé** | [illegible] | A | | Myristicées | Melhus flcterange | | [illegible] |
| [illegible] | [illegible] | K | | Verbacées | Berria cornosass | | [illegible] |
| [illegible] | [illegible] | C | | Euphorbiacées | Tsono fpariluga | | [illegible] |
| [illegible] | [illegible] | N | | Sterculées | Shorea | | Tro |
| **Chò nău** | [illegible] | I | | Icacylès | Santalum album | | [illegible] |
| [illegible] | [illegible] | A | | Icacinacées | Guanaania Basacea | | Dàu |
| Chi nôn | [illegible] | K | | Diptérocarpées | Apodytes tonkinensis | | Tro |
| [illegible] | [illegible] | A | | Diptérocarpées | Shorea | | Càn |
| [illegible] Kmg en de [illegible] | [illegible] | A | | Crypteroniacées | Shorea vulgaris | | Lái |
| Choug Kong dah | [illegible] | A | | Euphorbiacées | Crypteronia prnaniata | | Chi [illegible] |
| Chong rôi | [illegible] | N | | Légum.laic min. | Wilkesson corticeum | | Nô [illegible] |
| Chô nhău | [illegible] | A | | Combrétacées | Albizia Lebbescolca | | Bau |
| Chae nôi | [illegible] | A | | Diptérocarpées | Angeissus ricalaris | | Tro |
| Chập [illegible] | [illegible] | K | | Euphorbiacées | Shorea sp. | | Cao nôi |
| Chae caong | [illegible] | K | | Caprocarpées | Antidesma Ghaesembilla | | Chai |
| Chae chong | [illegible] | N | | Diptérocarpées | Shorea vulgaris | | Chat |
| Cane ay, caôr | [illegible] | N | | Sapotacées | 1d. | | Chay |
| [illegible] lai | [illegible] | A | | Euphorbiacées | Palaquium ctavatum | | [illegible] |
| Chô thủi | [illegible] | A | | Sterculiacées | Glochidian obliquum | | Tròn |
| Chou | [illegible] | A | | Sterculiacées | Sterculia hypochra | | Cau |
| Cha viy | [illegible] | A | | Diptérocarpées | Sterculia dongnolensis | | Trô |
| Charès | [illegible] | K | | Diptérocarpées | Shorea Thorelii | | Lau šău |
| [illegible] | [illegible] | K | | Diptérocarpées | Vatica Cochinchinensis | | Cam lôn |
| | | | | Légum. min. | Pentacme siamensis | | Nô [illegible] |
| | | | | | Albizzia Lebbek | | |

| Nom vernaculaire | Prononciation | Dialecte | Volume annuel exploité en M³ | Famille |
|---|---|---|---|---|
| Chrou? | [illegible] | K | | Samydacées |
| **Chu** | [illegible] | A | | Sterculiacées |
| Chu | [illegible] | Tho | | Anacardiacées |
| Chua khét | [illegible] | A | | Méliacées |
| **Chua** | [illegible] | A | 200 | Légum. mim. |
| Chua ma | [illegible] | A | | Légum. mim. |
| Chua moi | [illegible] | A | | Euphorbiacées |
| Chua nao | [illegible] | A | | Méliacées |
| Chua nga | [illegible] | A | | Erythroxylacées |
| Chum bac | [illegible] | A | | Célastracées |
| Chum bac | [illegible] | A | | Combrétacées |
| Chum cha | [illegible] | A | | Anacardiacées |
| Chu oe | [illegible] | A | | Légum. mim. |
| Chua moi | [illegible] | A | | Euphorbiacées |
| Cuong son | [illegible] | m | | Capparidacées |
| **Chung bao** | [illegible] | A | | Rosacées |
| Chung bao la | [illegible] | A | | Rosacées |
| Chung bao lou | [illegible] | A | | Rosacées |
| Chung bao chu | [illegible] | A | | Linacées |
| Chu oe | Chieougu | Ho | | Bignoniacées |
| **Chuoc boug** | Tchougou tontegu | L | | Ternstroemiacées |
| **Chuong** | Chieougu | A | 2.300 | Légum. |
| Ci | [illegible] | Tho | | Fagacées |
| Co | Co | [illegible] | | Sterculiacées |
| **Coc** | Coli | A | 100 | Combrétacées |
| Coc | Coc | A | | Térébinthacées |
| **Co chi** | ler tchi | A | | Lécythidacées |
| Coc pong | [illegible] | A | | Anacardiacées |
| Cu dung | Cu dmgue | L | | Fagacées |
| **Cul** | Cueuille | A | 8.000 | Diptérocarpacées |
| **Co ke** | Co Co | A | | Tiliacées |
| Co khi au | Co khi nan | L | | Fagacées |
| **Côm** | Come | A | | Rhamnacées |
| Côm | Come | A | | Tiliacées |
| Com nip | Come nippo | A | | Euphorbiacées |
| **Com ngụi** | Come ngonnuli | A | | Anacardiacées |
| Con Côm | Cane cône | A | | Tiliacées |
| Cộng | Congue | Tho | 7.800 | Moracées |
| **Cộng** | Congue | A | | Guttifères |
| Cộng | Congue | A | | Euphorbiacées |
| Cong nuoc | Congue nuouh | A | | Guttifères |
| Cong tia | Congue tia | A | | Guttifères |
| Cong trong | Congue trougue | A | | Guttifères |



| Nom scientifique de l'espèce botanique | Zone de végétation / Degré d'abondance | Nom commercial indochinois |
|---|---|---|
| Casearia grewiaefolia | | Van nai |
| Sterculia monosperma | | Cuu |
| Dracontomelum mangiferum | | Sâu chua |
| Chukrasia sp. | N. A. | Lee |
| ADENANTHERA SCRIPTATA | N. I. R. | Cuca |
| Albizzia stipulata | | Chua |
| Antidesma ghaesembilla | | Choi moi |
| Chukrasia sp | | Lat |
| Mallotus Hookerianus | | Budm |
| Kurrimia robusta | | Bar |
| Terminalia corticosa | | Xang oi |
| Albizzia stipulata | | Chua |
| Antidesma ghaesembilla | | Choi moi |
| Crateva macrocarpa | | Bung |
| HYMENODICTYON ANTHELMINTICA | S. I. R | Chung bao |
| Hydnocarpus anthelmintica | S. I. R. | Chung bao |
| Taraktogenos Kurzi | S. I. R. | Gia da |
| Taraktogenos subintegra | S. I. R. | Gia da |
| Markhamia stipulata | N. I. R. | Binh |
| Pterospermum aberrans | | Cuoc vang |
| LARNES CAMPIONATA NUM | N. R. | *Chuong* |
| Quercus div. | | Gii |
| Pterospermum grewiaefolium | | Lang mang |
| LUMNITZERA COCCINEA | N. R. | Cu |
| Lumnitzera racemosa | | |
| Spondias Lutea | | Xoan |
| STERCULIA NUX VOMICA | | Co cua |
| Spondias mangifera | | Xcau |
| Quercus Chevalieri | | Gu |
| PTEROCARPUS STENOPTERA | N. I. R. | Co. |
| GIRONNIERA PANICULATA | | Co xa |
| Quercus sp. | | Gie |
| XANTONNEA QUINENSIS | | Com |
| Elaeocarpus dubius | N. I. R. | Lom com |
| Aporosa microcalyx | | Dau dat |
| Protium aberrans | | Con saccoi |
| Elaeocarpus dongnaiensis | | Lam com |
| Antiaris toxicaria | S. I. A. | Sui |
| CALOPHYLLUM BRYOSA | | Cộu |
| Endospermum chinense | | Vang trong |
| Calophyllum Dongnaiensis | | Cộng |
| Calophyllum Saigonense | | Cộng |
| Calophyllum Dryobalanoides | | Cộng |

| Nom vernaculaire | Prononciation | Dialecte | Volume annuel exploité en M³ | Famille | Nom scientifique de l'espèce botanique | Zone de végétation Degré d'abondance | Nom commercial indochinois |
|---|---|---|---|---|---|---|---|
| Cong vay ... | [illegible] | C | | Guttifères | Calophyllum pulcherrimum | | Công |
| Can ... i tey | [illegible] | K | | Anonacées | Mitrephora Edwardsii | | Giổi đất |
| **Canh rank** | [illegible] | A | | Er...acées | Crossanthus cochinchinensis | | Cóxa nănu |
| Canh ... ea lui | [illegible] | M. | | Euphorbiacées | Mallotus Paniculatus | | Choo cây |
| Cop ...oul | [illegible] | b | | Méliacées | Walsura villosa | | Gia trắng |
| Co ... | [illegible] | A | | Rubiacées | Wenzlandia paniculata | | Gião cũ |
| Can alep | [illegible] | b | | Lauracées | Cryptocaria saxatum | | Hương mang |
| Crasm | [illegible] | L | | Rubiacées | Feronia lucida elephantum | | Cây diễng |
| Cu | [illegible] | T | | Loganiacées | Thespesia populnea | | Cơ |
| Co ch | [illegible] | H | | [illegible] | Strychnos nux vomica | | Cà chi |
| Cha ... | [illegible] | A | | Xanthophyllacées | Xanthophyllum ... | S. L. R | Thách lọc |
| **Cuc mặt** | [illegible] | A | 30 | Sapindacées | Zollingeria dongnaiensis | S. L. R | Cơ đa |
| La ... | [illegible] | A | | Euphorbiacées | Croton Poilanei | | Bong côm |
| **Cu den** | [illegible] | A | | [illegible] | Maesa indica | | Cơ đen |
| ... | [illegible] | A | | [illegible] | Mangifera Sapoda | | Thea |
| **Cải** | [illegible] | A | | Sapotacées | Heritiera ... | | Cử |
| ... | [illegible] | A | | Lauracées | Machilus ... | | Bơ |
| **Cuầm** | [illegible] | Lho | | Burseracées | Canarium ... | | Chôn |
| **Cuông** | [illegible] | ... | | Dipterocarpées | Dipterocarpus ... | | Dàu |
| ... | [illegible] | A | | Rosacées | Euphorbia ... | | Ba chí ghe |
| ... sat | [illegible] | A | | Rubiacées | Xerospermum Laurifoli | | Bara Sông |
| | | | | | | | |
| **D** | | | | | | | |
| **Da** | Da | C | | Sterculiacées | Cratoxylon ... / Berrya sp. | L. V. | Da |
| | | | | | | | |
| De ... trong | [illegible] | A | | Bixacées | Tarrietogenus serrata | S. L. R. | Gưa da |
| De ... | [illegible] | A | | Rhizophoracées | Cerbera sp | | Dà |
| **Dâu** | [illegible] | A | | Lauracées | Anonaceae Cambodiana ET DIV. | | Dàx |
| Dang ... | [illegible] | A | | Légum. pap. | Spatholobus orientalis | | Rằng rằng |
| **Dang huong** | [illegible] | A | 1.800 | **Légum. pap** | **Pterocarpus pedatus** | S. L. R. | **Dàng hương** |
| | | | | | Pterocarpus cambodianus | | |
| Da ... | [illegible] | A | | Rhizophoracées | Ceriops Candolleana | | Da |
| Dâu | [illegible] | A | | Moracées | Morus indica | N. L. R. | Giau |
| Dâu | [illegible] | A | | Rubiacées | Morinda citrifolia | | Nhàu |
| **Dâu** | [illegible] | A | 144.000 | **Diptérocarpées** | **Dipterocarpus div.** | S. L. V. | **Dầu** |
| Dâu ... | [illegible] | A | | Diptérocarpées | Dipterocarpus arbocarpifolius insularis | | Dầu |
| Dau ... | [illegible] | A | | Diptérocarpées | Dipterocarpus intricatus | | Lầu |
| Dau ch... | [illegible] | | | Ebénacées | Diospyros nitabala | | Tái |
| Dâu con gai | [illegible] | A | | Diptérocarpées | Dipterocarpus alatus | | Dầu |
| Dau con gai con... | [illegible] | A | | Diptérocarpées | Dipterocarpus Jourdainii | | Dầu |
| Dau da | [illegible] | A | | Anacardiacées | Spondias lakonensis | | Giầu gia |
| Dâu de du | [illegible] | A | | Euphorbiacées | Barringtonia sapeli | | Giấn đất |

| Nom vernaculaire | Prononciation | Dialecte | Volume annuel exploité en M³ | Famille | Nom scientifique de l'espèce botanique | Zône de végétation (degré d'abondance) | Nom commercial indochinois |
|---|---|---|---|---|---|---|---|
| Điền dẹt | Zem dẹtt | A | | Euphorbiacées | Baccaurea } Cauliflora / Annamensis | N. T. M. | Điền dẹt |
| Điền đen | Zeng đèn | A | | Moracées | Morus indica | | Gáo |
| Điền du | Zers du | A | | Diptérocarpés | Dipterocarpus punctulatus | | Dầu |
| Điền du | Zerts dun | A | | Ébénacées | Diospyros nitidula | | Thị |
| Điền gia dât | Zems za dât | A | | Euphorbiacées | Baccaurea sapida | | Gáin dât |
| **Dầu hea** | Zettos heaeu | A | | Baccaurea | Garcia cayaya | | Dầu hea |
| **Dầu lai** | Zettos laili | A | | Euphorbiacées | Trewia *nudiflora* | | Dầu lai |
| Dầu la tât | Zerts la tâlt | A | | Euphorbiacées | Cleidion javanicum | | Dầu la ... |
| Dầu lông | Zero lông | A | | Diptérocarpés | Dipterocarpus } Duperreanus / tuberculatus | | Dầu |
| Dẹo mút | Zeho mửe | A | | Diptérocarpés | Dipterocarpus { artocarpifolius ou / insularis | | Dẹo |
| Dẹo muôn | Zeros mouugu | A | | Diptérocarpés | Dipterocarpus alatus | | Dẹo |
| Dẹo cái | Zeros caile | A | | Burséracées | Canarium oleosum | | Cae o |
| Dẹo rừng | Zettos reughe | A | | Euphorbiacées | Baccaurea sapida | | Gáin dât |
| Dẹo sơn | Zerts seaur | A | | Diptérocarpés | Dipterocarpus tuberculatus | | Dầu |
| Dẹo song song | Zerts songue songus | A | | Diptérocarpés | Dipterocarpus Dyeri | | Dẹa |
| Dẹo tiền | Zettos tiêne | A | | Euphorbiacées | Baccaurea sapida | | Gáin dât |
| Dẹo lá | Zems liêm | A | | Euphorbiacées | Ba ... annamensis | | Gáin sõl |
| Dẹo lá bong | Zerts la bongue | A | | Diptérocarpés | Dipterocarpus obtusifolius | | Dẹa |
| Dẹo teo | Zerts teoln | A | | Diptérocarpés | Dipterocarpus intricatus | | Dẹa |
| **Dầu trường** | Zerg treangue | A | | Sterculiacées | Scaphium ... imosa | S. T. B. | Dầu trường |
| Dẹa | Zeme | A | | Rubiacées | Stephegyne parvifolia | | Ca gian |
| Dẹa | Zeuqes | A | | Myrtacées | Eugenia operculata | | Vôi |
| Diên | Ziêre | Th. | | Tiliacées | Pentace tonkinensis | | Nghiên |
| **Điện điện** | Ziêne Ziêne | L. | | Lég. Papilionacées | Gymnosporia Assaray | | Dẹs sou |
| **Diêu nhuận** | Ziêne gnuêame | A | | Buxacées | Ilex Oualeany | | Dẹs sơừn |
| Diệt | Zịea | A | | Guttifères | Garcinia tonkinense | | Dẹa |
| **Dõi** | Zenille | A | | Myrtacées | Eugenia communis | | Dẹa |
| Dõn | Zeun | Th. | | Méliacées | Chukrasia tabularis | | Lái |
| Dõy | Zenile | A | | Araliacées | Schefflera Pes-avis | | Dịng |
| Dẹ v sus | Zeame laue | L. | | Méliacées | Chukrasia Tabularis | | Lái |
| **Dừng** | Zenteqes | T | | Symplocacées | Symplocos lacrina | N. T. B. | Dựng |
| Dung mật | Zeateque mette | A | | Symplocacées | Symplocos Laurina | | Dựng |
| Dung trắng | Zenteque tatgau | A | | Symplocacées | Symplocos Laurina | | Dựng |
| Dung xanh | Zenteque sague | A | | Symplocacées | Symplocos laurina | | Gie dâu |
| Dường | Zeueme | A | | Moracées | Broussonetia papyrifera | | Dựuse |
| **Dương** | Zeueque | A | | Casuarinées | Casuarina formosa | C. A | Dương |
| Dương liễu | Zeueque liêue | A | | Casuarinées | Casuarina equisetifolia | | Lái |
| Du lung dang | Zen lueueque dingue | man | | Juglandées | Pterocarya stenoptera | | |

**Đ**

| Nom vernaculaire | Prononciation | Dialecte | Volume annuel exploité en M³ | Famille | Nom scientifique de l'espèce botanique | Zône de végétation (degré d'abondance) | Nom commercial indochinois |
|---|---|---|---|---|---|---|---|
| **Đa** | Đa | A | | Moracées | Ficus melanosa | | Đa |
| **Đa che** | Đa cheo | A | | Erythroxylées | Cosmos javanicum | | Đa che |

| Nom vernaculaire | Prononciation | Dialecte | Volume annuel exploité en M³ | Famille | Nom scientifique de l'espèce botanique | Degré d'abondance / Zones de végétation | Nom commercial indochinois |
|---|---|---|---|---|---|---|---|
| **Da Dá** | Da dá | A | 1700 | Légum. mim. | Xylia Kerrii | S.I.R | Dá nì |
| Da Dá | Da dá | A | | Lonacé? | Eusyderoxylon sp. | | |
| **Da hợp** | Da hoppe | A | | Magnoliacées | Magnolia et alia | | |
| Da hợp rừng | Da hoppe rounga | A | | | Talauma fistulosa | | Da ayr |
| **Dái** | Daïle | A | | Rutacées | Ruralia oxyodonta | | Dái |
| Dái choại | Daïle khouaïle | A | | Rubiacées | Ranella oxyodonta | | Dái |
| Dái kia | Daïle kia | K | | Apocynées | Wrightia annamensis | | Lài z mçe |
| Dái vòi | Daïle voïl. | A | | Myrtacées | Eugenia operculata | | Vòi |
| **Dáng** | Dangue | A | (1700) | Ascaces? | Scutellaria tonkinensis | N.L.R | Díso. |
| **nhau** | Dinghe | I | 200 | Rhizophoracées | Scutellaria oxyodonta | | Díso. |
| **Dáng đỏ** | Dangue đ | A | 100 | Rubiacées | Rhizophora mucronata | S.C.A | Dáng |
| **Hang đinh** | Dangue đinne | T | | Méliacées | Rubia tam lou | S.I.R | Dáng đinh |
| Long hàng | Loungue houaga | A | | Araliacées | Anisa tetrasperma | I.R | Đáng |
| ... kẹp hồi m | Dangue keppe hôianne | Me | | Euphorbiacées | Canaes chewata | I.R | Chà mọi |
| ... la hu | Dangue loa hou | A | | Rutacées | Schefflera tonkinensis | N.I | Cáo |
| **Hanh cả** | Hanne ca | A | | Légum. mim. | Antidesma glaucesabilla | | Dáiso |
| **Danh ghết** | Hanh ghële | A | | ...acées | Randia dumetorum | | Bási... |
| Danh ganh | Hanh nganh | A | | Hypericacées | Sesamia chesmeissa | | Lành ngạnh |
| **Dao lẹo** | Dao lèo | A | | Dipterocarp. | Baritouldes colea | | Dầu vao |
| Hầy Hài | Daïle đà lo | KH | | Apocynées | Symplocos colea | | Long mus |
| Dây màng | Daïle roungue | A | | Euphorbiacées | Costoxylon palvustum | | Rae li |
| **Dê** | Dê | A | | Rutacées | Eucalyptus semicosta | | Dê |
| **Dê** | Dam | A | | Rutacées | Wrightia annamensis | | Dês |
| D... | Dongue | I | | Légum. mim. | Croton argyratus | | Cau se |
| **Diệp tây** | Hiệpe cate | A | | Lilacées | Entostema spiculatus | | Bừe ... |
| Hiệp tây | Dongue tolle | A | | Euphorbiacées | Tonovus jambosella | | Vân dêre |
| **Dinh** | Đogn | T | 100 | **Bignoniacées** | **Markhamia stipulata** | N.I.R | **Đinh** |
| Dinh can gà | Dogn gane qur | A | | Bignoniacées | Markhamia stipulata | | Dau |
| Dinh khết | Dogne Ihelle | A | | Bignoniacées | Markhamia stipulata | | Đinh |
| Dinh m rất | Dogne meraïle | A | | Bignoniacées | Markhamia stipulata | | Đinh |
| De đại | Dio celle | | | Euphorbiacées | Mallotus Eberhardtii | | Ngat |
| Dô đại | Dio celle | | | Euphorbiacées | Phyllantus ruber | | Ne rônge |
| Do glam | Di nonge | A | | Rubiacées | Paradina hirsuta | | Ca glam |
| Dou cừu | Doue chêm | K | | Sterculiacées | Tarrietia cochinchinensis | | Huỳnh |
| **Dom Dom** | Doun lêou | A | | Euphorbiacées | Alcornea trinervata | | Rua Dou |
| Dou chêm | Doue lêhène | K | | Sterculiacées | Tarrietia cochinchinensis | | Huỳnh |
| Dong r au | Dongue chana | A | | Euphorbiacées | Abroma filicefolia | | Dom Dom |
| Hô ngôn | Do ngonne | T | | Lég. mim. | Pithecolobium acuminatum | | Thô đa |
| Dauk | Dauk | L | | Lég. pap. | Pterocarpus pedatus | N.I.R | Dáng laràng |
| Dpao | Dpao | Mo | | Sterculiacées | Sterculia alata | | Ghọe mộc |
| Dừa | Doa | L | | Moracées | Ficus sp. | | Sung |

| Nom vernaculaire | Prononciation | Dialecte | Volume annuel exploité en M³ | Famille | Nom scientifique de l'espèce botanique | Zône de végétation / Degré d'abondance | Nom commercial indochinois |
|---|---|---|---|---|---|---|---|
| Đẻ | léaé | L | | Lég. pap. | Pterocarpus pedatus | | Dáng hương |
| Đũa lái | [illegible] | L | | | — | | |
| **Đước** | Henopte | C | 2570 | Rhizoméracées | **Rizophora conjugata** | S. I. A. | **Đước** |
| Đưới | Henopee | T | | — | Bruguiera gymnorhiza | | Vet |
| Đ mầy bột | [illegible] | C | | Rhizophoracées | Rhizophora conjugata | | Cada |
| Đ nồi da | [illegible] | C | | — | Ceriops candolleana | | Dà |
| **Đước dương** | [illegible] | A | | Ecrinoméracées | Parvitantus ostvatus | | cột dương |
| Đ cửa vững | [illegible] | C | | Rhizophoracées | Rhizophora conjugata | | Da xa |
| Đước xanh | [illegible] | C | | Rhizophoracées | Rhizophora conjugata | | Đước |
| **Đuôi rừng** | [illegible] | A | | Ecrinoméracées | Carumsca mucranata | S. I. A. | Đuôi rừng |
| **Đuôi tu** | [illegible] | A | | Anonacées | Paralibria jasemba | | Đuôi tu |
| **E.** | | | | | | | |
| Kna đa | Loa đa | K | | Euphorbiacées | Mallotus Phillppinensis | | Bodu |
| [illegible] | Rattanel | N | | Lythrariées | Lagerstroemia Flos Reginae | | Bang lang |
| **Rattavel** | Ostravel | K | | Lythrariées | Lagerstroemia Loudoni | | Bang lang |
| **Entranel** | Petranel | K | | Lythrariées | Lagerstroemia | | Bang lang |
| **F.** | | | | | | | |
| Faug cou phang | cong | Bl | | Legum. ces | Poinciana pulcherrima | | Kim phượng |
| Fay cou phay | Fuille | I | | Pupincées | Duakunga souteratioides | | Hồng en |
| Fay cou... phay | Cuilla camphr | I | | Apocynées | Wrightia aromenus | | Long mực |
| Flao | Flao | A | | Casuarinées | Casuarina equisetifolia | | Dương |
| **G.** | | | | | | | |
| **Gai bưu** | Cedre brune | A | 70 | Bixacées | Scariga canoexsis | | Gai bưu |
| [illegible] | Cetue | A | | Rubiacées | Xyrssna constutua | | |
| Gang cưm | Congua Lenzor | A | | Rubiacées | Randia tomentosa | S. I. R. | Gừ |
| Gang nam | Congha croux | A | | Rubiacées | Canthium parvifolium | | Gang |
| Gang trau | Congue hangu | A | | Rubiacées | Canthium parvifolium | | Gang |
| Gang vàng | Congu cangu | A | | Rubiacées | Randia tomentosa | | Gian |
| [illegible] | Coua | A | 3800 | Malvacées | Canthium tomentosa | | Gang |
| [illegible] | Coua | A | 200 | Rubiacées | Bombax malabaricum | I. R. | Gáo |
| Gáo rừng | Coua jaugu | A | | Rubiacées | Nervi cordifolia | S. I. R. | Gáo |
| Gáo vàng | Coua caugu | A | | Rubiacées | Adina cordifolia | | Gáo |
| Gáo vàng | Coua caugu | A | | Rubiacées | Adina sessifolia | | Gin |
| Gáo vây | Coua culle | A | | Rubiacées | Canthium parvifolium | | Gin |
| **Gát nai** | Culle melle | A | | Ecrinomiacées | Adina cordifolia | | Gou |
| **Ghé** | Coua | A | 200 | Ecrinomiacées | Garcnia anSamtica | N. I. R. | Gát Nai |
| Gia | Ai | A | 2.0 | Ecrinomiacées | Grenidion obloquum | S. I. R. | Ghé |
| **Giác** | Zoe | A | | Lég. v. m. | Balaguria agallocha | | Gia |
| **Giá en** | Za en | A | | Bixacées | Petronelorum balassar | | Giác |
| Gia da trang | Ai da longu | A | | Méliacées | Wrinraynia paniculata | | Gia cá |
| **Gia da (trắng)** | Ai da chungu | A | | Bixacées | Walsuro villosa | | Gia trắng |
| **Gial ua** | Zoele ua | A | | Méliacées | Tamacomonus serrata | | G a da |
| **Giam** | Guan | A | | Tiliacées | [illegible] thomelli | | Gial ua |
| | | | | | Growtia [illegible] | | G am |

| Nom vernaculaire | Prononciation | Dialecte | Volume annuel exploité en M³ | Famille |
|---|---|---|---|---|
| Giầm | *Zeume* | Th. | | Méliacées |
| **Giang cua** | *Zangue cua* | A | | Caparidacées |
| Giang giang | *Zèngue Zangue* | A | | Légum. pap. |
| Giang huong | *Zangue huongue* | A | | Légum. pap. |
| **Giang núi** | *Zeugue nuute* | A | | [illegible]acées |
| **Gia thi** | *Za tin* | A | | [illegible]acées |
| Gia thi | *Ze thi* | A | | Verbénacées |
| Gia tràng | *Ze zangue* | A | | Anacardiacées |
| **Gia tràng** | *Ze zangue* | A | 100 | Méliacées |
| **Giàu** | *Zeau* | A | | Anonacées |
| Giàu | *Zeau* | A | | Rubiacées |
| Giàu da da | *Zeau za zeule* | A | | Euphorbiacées |
| **Giàu dát** | *Zeau zeule* | A | | [illegible]acées |
| Giàu den | *Zeau zen* | A | | Moracées |
| **Giàu dò** | *Zeau do* | A | | Bixacées |
| Giàu gia | *Zeau za* | A | | Cephalotacées |
| Giàu gia dài | *Zeau za zeule* | A | | Euphorbiacées |
| Giàu gia | *Zeau zal* | A | | Euphorbiacées |
| **Giàu gia (suran)** | *Zeau za zeugue* | A | | Anacardiacées |
| Giàu sol | *Zeau zale* | A | | Euphorbiacées |
| Giày | *Zale* | A | | Euphorbiacées |
| **Giày** | *Zale* | A | | Sterculiacées |
| Giày trong za | *Zale zangue za* | A | | Euphorbiacées |
| Gie | *Ze* | A | | Euphorbiacées |
| **Gie** | *Ze* | A | 14.500 | **Fagacées** |
| Gie bop | *Ze boppe* | A | | — |
| Gie con | *Ze con* | A | | — |
| Gie deo | *Ze deau* | A | | — |
| Gie do | *Ze do* | A | | |
| Gie gai | *Ze gaile* | A | | — |
| Gie moc an | *Ze moc an* | A | | — |
| Gieu | *Zeune* | Th. | | Tiliacées |
| **Gieu dò** | *Zeune do* | C | | Anonacées |
| Gieu dong | *Zeune dong* | A | | Euphorbiacées |
| Giup gieng | *Zeune zeune* | A | | Légum. pap. |
| **Gie núi** | *Ze nuule* | L | | Anonacées |
| Gi o quông | *Ze kouonge* | A | | Fagacées |
| Gie soi | *Ze soile* | A | | — |
| Gie trang | *Ze trangue* | A | | |
| Gie vàng | *Ze vangue* | A | | |
| Gie xanh | *Ze zaue* | A | | |
| Gio | *Zo* | A | | Euphorbiacées |



| Nom scientifique ou espèce botanique | Zone de végétation / Degré d'abondance | Nom commercial indochinois |
|---|---|---|
| Chukrasia tabularis | | Lát |
| VIBURNUM COCHINCHINENSE | | Giang cua |
| Stadhodaos sp. | | Kàng cua |
| Pterocarpus macrocarpus pedatus cambodianus | | Dàng huong |
| TRANSTOEMIA JAPONICA | | Giang núi |
| BENNETTIA MOLLIS | | Gia thi |
| BREYNIA ASTONELLA | | |
| Tectona grandis | | Teak |
| Dracontomelum Duperreanum | | [illegible] |
| WENDLANDIA VILLOSA | N.I.G. | [illegible] |
| Morus indica | | Gàu |
| Morinda citrifolia | | Nhau |
| Baccaurea sapida | | Giàu dát |
| [illegible] | N.I.H. | [illegible] |
| BISCHOFIA CARICHTOSA | | |
| Morus indica | | Giàu |
| Casearia [illegible] | | Giàu dò |
| Bixa [illegible] capilliflora | | [illegible] |
| Baccaurea sapida | | [illegible] |
| Baccaurea sapida | | [illegible] |
| Scaerea [illegible] | | [illegible] |
| Cansjuera sapida | | [illegible] |
| Mallotus cochinchinensis | | Vang |
| Peltospermum Jacksoni | | [illegible] |
| Mallotus philippinensis | | Pnula |
| Mallotus Hookerianus | N.I.A. | Bong |
| **Quercus div** | | **Gie** |
| Quercus Pallus? | | [illegible] |
| Pasania Arca | | Gie |
| Quercus Glauca | | [illegible] |
| Quercus Wallichiana | | Gie |
| Castanopsis Lecomtei | | [illegible] |
| Pasania sclulosa | | Gieu |
| Pentace Siamensis | | [illegible] |
| XYLOPIA VIELANA | | Gieu |
| Bridelia minutiflora | | Chinh dòng |
| Butea frondosa | | Kàng rong |
| Menispermum Tnocum | | **Gie núi** |
| Quercus Pseudorofora | | Gie |
| Pasania tubulosa | | Gie |
| Quercus Poilanei | | Gie |
| | | Gpi |
| Pasania pseudo-soulaira | | Gie |
| Mallotus Forrelianus | | Chae mat |

| Nom vernaculaire | Prononciation | Diabète | Volume annuel exploité en M3 | Famille | Nom scientifique de l'espèce coréenne | Zone de végétation Degré... | Nom commercial indochinois |
|---|---|---|---|---|---|---|---|
| **Giô** | [illegible] | | | [illegible] | [illegible] Barassa | | [illegible] |
| **Giỏe** | [illegible] | | [illegible] | [illegible] | [illegible] toskonsos | N. [illegible] | [illegible] |
| **Giỏe khô** | [illegible] | | | Méliacées | [illegible] prucosa | | [illegible] |
| **Giỏe sơn** | [illegible] | | | Diptérocées | [illegible] | | [illegible] |
| [illegible] | [illegible] | | | [illegible] | Clausena Wampi | | [illegible] |
| | | | | | — [illegible] | | |
| [illegible] | [illegible] | | | Myrtacées | [illegible] formosa var | | [illegible] |
| | | | | | — [illegible] | | |
| **Giổi** | [illegible] | | [illegible] | **Magnoliacées** | **Talauma Giổi** | N. [illegible] | **Giổi** |
| [illegible] | [illegible] | | | [illegible] | Clausena excelsa | | [illegible] |
| [illegible] | [illegible] | | | [illegible] | Manglietia giổi | | [illegible] |
| [illegible] | [illegible] | | | Magnoliacées | Manglietia giổi | | [illegible] |
| [illegible] | [illegible] | | | Magnoliacées | Michelia faiensis | | [illegible] |
| [illegible] | [illegible] | | | Magnoliacées | Manglietia giổi | | [illegible] |
| [illegible] | [illegible] | | | Méliacées | Aglaia [illegible] Pals | | [illegible] |
| [illegible] | [illegible] | | | Méliacées | Clausena Triostrae | | [illegible] |
| [illegible] | [illegible] | | | [illegible] | Ac[illegible] | | [illegible] |
| **Gioang** | [illegible] | | [illegible] | [illegible] | [illegible] | N. [illegible] | [illegible] |
| [illegible] | [illegible] | | | [illegible] | Lagerstroemia [illegible] | | [illegible] |
| [illegible] | [illegible] | | | [illegible] | Eriostes cochinchinensis | | [illegible] |
| [illegible] | [illegible] | | | [illegible] | Dialocarpus Alatus | | [illegible] |
| [illegible] | [illegible] | | | [illegible] | Dyzoma acuminat | | [illegible] |
| [illegible] | [illegible] | | | [illegible] | Sterculia angurensis | | [illegible] |
| [illegible] | [illegible] | | | Légumineuses | Sindora Cochinchinensis | | [illegible] |
| [illegible] | [illegible] | | | Légumineuses | — id — | | [illegible] |
| [illegible] | [illegible] | | | Légumineuses | — id — | | [illegible] |
| [illegible] | [illegible] | | | Légumineuses | — id — | | [illegible] |
| [illegible] | [illegible] | | | Légumineuses | Morfa Fajnsa | | [illegible] |
| [illegible] | [illegible] | | | Lauracées | Palaulia Cochinchinensis | | [illegible] |
| [illegible] | [illegible] | | | Hamamélidées | Cinnamomum illicides | | [illegible] |
| **Giổi** | [illegible] | | [illegible] | **Méliacées** | Bucklandia foulacenais | | **Giổi** |
| [illegible] | [illegible] | | | Méliacées | **Aglaia gigantea et div.** | [illegible] | [illegible] |
| Giổi bửa sừng | [illegible] | | | Méliacées | | | [illegible] |
| Giổi trằng | [illegible] | | | Méliacées | Ac[illegible] giganteu | | [illegible] |
| Giổi tướng | [illegible] | | | Méliacées | Aglaia euphorcides | | [illegible] |
| Giổi [illegible] | [illegible] | | | Méliacées | Dialochton cochinchinensis | | [illegible] |
| [illegible] | [illegible] | | | Méliacées | Aglaia palustches | | [illegible] |
| [illegible] | [illegible] | | | Méliacées | Aglaia | | [illegible] |
| [illegible] | [illegible] | | | Méliacées | Aglaia enphoricides | | [illegible] |
| Giổi [illegible] | [illegible] | | | Méliacées | Aglaia acualka | | [illegible] |
| [illegible] | [illegible] | | | Méliacées | Lysaxylon juglans | | [illegible] |
| | | | | Méliacées | Antala quorensis | | |
| | | | | | — piribeis | | |

| Nom vernaculaire | Prononciation | D | Volume annuel exploité en M³ | Famille | Nom scientifique (d'après l'espèce botanique) | Zône de végétation (degré d'abondance) | Nom commercial indochinois |
|---|---|---|---|---|---|---|---|
| [illegible] | [illegible] | [illegible] | | Méliacées | Azaua | | [illegible] |
| [illegible] | [illegible] | [illegible] | | Méliacées | Chisocheton cupreurus | | [illegible] |
| [illegible] | [illegible] | [illegible] | | Légum. caes. | Sindora Cochinchinensis | | [illegible] |
| [illegible] | [illegible] | [illegible] | | Malvacées | Crudia [illegible] | L. L. A. | [illegible] |
| [illegible] | [illegible] | [illegible] | | Légum. caes. | Afzelia Bijuga | | [illegible] |
| [illegible] | [illegible] | [illegible] | | Ilicacées | [illegible] xylocarpa | | [illegible] |
| [illegible] | [illegible] | [illegible] | | Légum. caes. | Sindora maritima | | [illegible] |
| [illegible] | [illegible] | [illegible] | | Légum. caes. | Afzelia Bijuga | | [illegible] |
| [illegible] | [illegible] | [illegible] | | Légum. caes. | Pahudia cochinchirensis | | [illegible] |
| [illegible] | [illegible] | [illegible] | | Ulmacées | Holoptelea integrifolia | | [illegible] |
| **Gụ** | [illegible] | [illegible] | 17.800 | **Légum. caes** | **Sindora div** | L. A. | **Gụ** |
| [illegible] | [illegible] | [illegible] | | Sterculiacées | Sterculia conguniensis | | [illegible] |
| **Dạ hương** | [illegible] | [illegible] | | **Lauracées** | **Cinnamomum ilicioides** | | **Dầu hương** |
| [illegible] | [illegible] | [illegible] | | Légum. caes. | Scorlia | | [illegible] |
| [illegible] | [illegible] | [illegible] | | Légum. caes. | [illegible] tonkinensis | | [illegible] |
| [illegible] | [illegible] | [illegible] | | Rubiacées | Adina cordifolia | | [illegible] |
| [illegible] | [illegible] | [illegible] | | Rubiacées | Adina cordifolia | | [illegible] |
| **II** | | | | | | | |
| [illegible] | [illegible] | [illegible] | | Ebénacées | Eucalea longiflora | | [illegible] |
| [illegible] | Hồi | [illegible] | | Moracées | Ficus sp | | [illegible] |
| [illegible] | [illegible] | [illegible] | | Légum. caes. | Cassia Garrettiana | | [illegible] |
| [illegible] | [illegible] | [illegible] | | Méliacées | Aglaia gigantea | | [illegible] |
| [illegible] | [illegible] | [illegible] | | Magnoliacées | Calamus Colt | | [illegible] |
| [illegible] | [illegible] | [illegible] | | Légum. pap. | Dalbergia Kurzii | | [illegible] |
| [illegible] | [illegible] | [illegible] | | Magnoliacées | Manglietia Cordiara | | mỡ Vàng tâm |
| [illegible] | [illegible] | [illegible] | | Diptérocarpées | Shorea vulgaris | | [illegible] |
| [illegible] | [illegible] | [illegible] | | Combrétacées | Terminalia tomentosa | | [illegible] |
| **Hoa ngang** | [illegible] | [illegible] | | Eremeacées | Araucca SPINAEOSPERMA | | [illegible] |
| [illegible] | [illegible] | [illegible] | | Sterculiacées | Pterospermum diversifolium | | Long vàng |
| [illegible] | [illegible] | [illegible] | | Anonacées | Polyalthia jucunda | | [illegible] |
| **Hoa au** | [illegible] | [illegible] | 96 | **Linacées** | **Ixonanthes Cochinchinensis** | N. L. A. | **Ha au** |
| [illegible] | [illegible] | [illegible] | | Hamamélidées | Mytilaria laosensis | | Sao |
| [illegible] | [illegible] | [illegible] | | Diptérocarpées | Parashorea Stellata | | Tờ |
| [illegible] | [illegible] | [illegible] | | Moracées | Artocarpus Tonkinensis | | Khoai |
| [illegible] | [illegible] | [illegible] | | Ulmacées | Celtis australis | | Sến |
| [illegible] | [illegible] | [illegible] | | Bignoniacées | Millingtonia Hortensis | | [illegible] |
| **Hận phải** | [illegible] | [illegible] | [illegible] | **Lauracées** | Cinnamomum istas | S. L. L. | [illegible] |
| [illegible] | [illegible] | [illegible] | | Moracées | Ficus religiosa | | Đa |
| [illegible] | [illegible] | [illegible] | | Légum. caes. | Cassia garrettiana | | Muồng |
| [illegible] | [illegible] | [illegible] | | Méliacées | Melia azedarach | | Xoan |
| [illegible] | [illegible] | [illegible] | | Rosacées | Pygeum arboreum | | Xoan đào |
| **Hình** | [illegible] | [illegible] | | Conifères | Kurrimia paniculosa | | Hạnh |

| Nom vernaculaire | Description | Dialecte | Volume annuel exploité en M³ | Famille | Nom scientifique (Espèce botanique) | Zone de végétation (lieu d'observation) | Nom commercial indochinois |
|---|---|---|---|---|---|---|---|
| Ho | ho | L. | | Lauracées | Ventiles caudata | | Trâm |
| Hoang [illegible] | [illegible] | | | Rubiacées | Wendlandia paniculata | | Giổi |
| Hoa [illegible] | [illegible] | L. | | Myrtacées | Eugenia | | Trâm |
| **Hoàng bá** | [illegible] | T | | Légumin. | Pterocarpus [illegible] | | [illegible] |
| **Hoàng đàn** | [illegible] | A | | **Conifères** | **Dacrydium elatum** | | **Hoàng đàn** |
| **Hoàng linh** | [illegible] | A | 2.500 | Légumineuses caes. | [illegible] | N.I.R. | [illegible] |
| **Hoang mang** | [illegible] | A | | Lauracées | [illegible] | | [illegible] |
| Ho[illegible] | [illegible] | m | | Ebénacées | Lucidea macrophylla | | [illegible] |
| **Huli** | [illegible] | L. | 2.000 | **Légum. caes.** | **Panuwa Cochinchinensis** | S.I.R. | **Huli** |
| Huc | [illegible] | A | | Oxalidacées | Averrhoa carambola | | Khế [illegible] |
| **hai** | [illegible] | | | Légumineuses pap. | Sophora japonica | | Hoè |
| **hol** | [illegible] | T | | Magnoliacées | Illicium verum | | Hồi |
| Hen[illegible] | [illegible] | M | | Rubiacées | Stephegyne parvifolia | | [illegible] |
| [illegible] | [illegible] | [illegible] | | Méliacées | Hyoxylon Loureiri | | [illegible] |
| Hom Cou | [illegible] | [illegible] | | Simarubacées | Ailanthus Fauvelianus | | [illegible] |
| [illegible] | [illegible] | Th | | Sapindacées | Sapindus Mukorossi | | [illegible] |
| Ho[illegible] | [illegible] | L. | | Diptérocarpées | Shorea vulgaris | N.I.R. | [illegible] |
| **Hông** [illegible] | [illegible] | A | | Ebénacées | Diospyros [illegible] | | Sồ[illegible] |
| **Hông bì** | [illegible] | A | | Lauracées | Garcinia [illegible] | | [illegible] |
| **Hông phát** | [illegible] | A | | Guttifères | [illegible] | | [illegible] |
| [illegible] | hoe | Th | | Sterculiacées | Planchonella [illegible] var. platyphylla | | [illegible] |
| Ho[illegible] | [illegible] | | | Légumineuses pap. | folliosa | N.I.R. | [illegible] |
| **Huê mộc** | [illegible] | | | **Oléacées** | **Osmanthus fragrans** | | **Huê mộc** |
| [illegible] | [illegible] | L. | | Sterculiacées | Carpinus [illegible] | | [illegible] |
| [illegible] | Hoa de noat | CH | | Fagacées | Quercus Chevalieri | | [illegible] |
| Hoc [illegible] | Huile muscade | A | | Myristicacées | Kranna [illegible] | | [illegible] |
| **Huynh** | Huynh | A | 1.000 | **Sterculiacées** | **Tarrietia Cochinchinensis** | S.I.A | **Huynh** |
| Huynh [illegible] | [illegible] | A | | Rubiacées | Sarcocephalus officinalis | | [illegible] |
| Huynh [illegible] | [illegible] | A | | Méliacées | Dysoxylon Loureiri | | [illegible] |
| **Huynh đường** | Huynh đường | A | 55 | **Méliacées** | *Dysoxylon Loureiri* | S.I.P | [illegible] |
| Hay[illegible] | Harpur marto | A | | Ochnacées | Orbia Humboldi | | [illegible] |
| Huynh [illegible] | [illegible] | A | 875 | Ternstroemiacées | Ternstroemia penangiana | S.I.R | [illegible] |

**I.**

| Nom vernaculaire | Description | Dialecte | Volume annuel exploité en M³ | Famille | Nom scientifique (Espèce botanique) | Zone de végétation (lieu d'observation) | Nom commercial indochinois |
|---|---|---|---|---|---|---|---|
| Na | [illegible] | L. | | Guttacées | Garcinia capitata | | C[illegible] |
| Kadol | [illegible] | K | | Myrtacées | Careya sphaerica | | Vừng |
| Na cuuren | [illegible] | K | | Diptérocarpées | Shorea Cochinchinensis | | Néo |
| Na kos | [illegible] | K | | Légumineuses caes. | Sindora Cochinchinensis | | G[illegible] |
| Na kho | [illegible] | L. | | Euphorbiacées | Aleurites montana | | Trẩu |
| Nam lau | [illegible] | L. | | Euphorbiacées | Phyllantus emblica | | Me rừng |
| Naca tel | [illegible] | L. | | Rutacées | Citrus decumana | | Buổi |
| Nax ano | [illegible] | K | | Myrtacées | Careya sphaerica | | Vừng |
| | | | | | — arborea | | |

| Nom vernaculaire | Provenance | Habitat | Volume annuel exploité en M3 | Famille | Nom scientifique de l'espèce botanique | Zône de végétation locale d'abondance | Nom commercial indochinois |
|---|---|---|---|---|---|---|---|
| Kàua | [illegible] | L | | Légumineuses (césal.) | Albizzia Lebbekoides | | Xur |
| Kang | [illegible] | B. L. | | Sterculiacées | Sterculia lanceolata | | Sâng |
| Kang tur | [illegible] | K | | Anacardiacées | Sysindonia Pierrei | | Xui |
| Kang à mên | [illegible] | K | | Légumineuses (césal.) | Poinciana pulcherrima | | Kim [illegible] |
| Ka chua | [illegible] | L | | Légumineuses (pap.) | Caloropa Cochinchinensis | | Trac |
| Ka diouda | [illegible] | L | | Rubiacées | Vitex cuddifolia | | [illegible] |
| Kaalrach | [illegible] | K | | Rubiacées | Cinnona excavata, scempi | | [illegible] |
| Kau | [illegible] | B. L. | | Rubiacées | Kandia longiflora | | [illegible] |
| Xa sanh | [illegible] | K | | Rubiacées | Letonia Indica | | [illegible] |
| Xa rebac | [illegible] | | | Guttifères | Mesua ferrea | | Vap |
| Ki vu | [illegible] | | | Myrtacées | Eugenia [illegible] | | Tram |
| Kda [illegible] | [illegible] | M | | Anacardiacées | Mitragluna Diorelli | | [illegible] |
| Kbou | [illegible] | K | | Rubiacées | Adina cordifolia | | Gáo |
| Ke | [illegible] | N | 1.500 | Bignoniacées | Stereospermum auranceus | N. L. B | Ke [illegible] |
| Keac | [illegible] | K | | Rosacées | Parinarium annamense | | Cam |
| Ke [illegible] | [illegible] | III | | Tiliacées | Elaeocarpus dubius | | [illegible] |
| Keu | [illegible] | N | 100 | Guttifères | Mesua sinensis | N. L. B | Kes |
| Ke [illegible] | [illegible] | | | Diptérocarpées | Hopea dealcata | | Zah |
| Keo [illegible] | [illegible] | | | Guttifères | Cratoxylon [illegible] | | [illegible] |
| Keu [illegible] | [illegible] | | | Sterculiacées | Mallotus [illegible] | | [illegible] |
| Keo | [illegible] | N | 1.20 | Légumineuses (césal.) | Acacia Farnesiana / Ixora [illegible] | N. L. B | Kgo |
| Keo | [illegible] | K | | Rubiacées | Murraya [illegible] | | [illegible] |
| Keo [illegible] | [illegible] | N | | Légumineuses (mim.) | Acacia Farnesiana | | [illegible] |
| Keo tây | [illegible] | N | | Légumineuses (mim.) | Ixia [illegible] | S. L. R. | Keo tây |
| Kes | [illegible] | K | | Légumineuses (mim.) | Xylia Kerrii | | Pe [illegible] |
| Kết | [illegible] | Th. | | Légumineuses (césal.) | Gleditschia sinensis | | K. ket |
| Kev | [illegible] | | | Sterculiacées | Sterculia Pierrei | | B. Po |
| Keva loi | [illegible] | L | | Légumineuses (mim.) | Albizzia Milletii | | Song [illegible] |
| Kba [illegible] | [illegible] | | | Diptérocarpées | Shorea Cochinchinensis | | Xur |
| Kbâ | [illegible] | | | Anonacées | Millusa Banheni | | Song [illegible] |
| Knaidong | [illegible] | | | Euphorbiacées | Croton Joufra | | Vang |
| Kbù [illegible] | [illegible] | L | | Légumineuses (pap.) | Dalbergia Cochinchinensis | | Tra |
| Khou | [illegible] | B. L. | | Rhizophoracées | Carapmtera Sinensis | | N[illegible] |
| Khou | [illegible] | L | | Légumineuses (césal.) | Tamarindus indica | | Me |
| Khaze | [illegible] | Tam | | Euphorbiacées | Phyllantus emblica | | Me rinu |
| Kau nhou | [illegible] | B. L. | | Diptérocarpées | Shorea Cochinchinensis | | Xur |
| Khu [illegible] | [illegible] | L | | Légumineuses (pap.) | Dalbergia cochinchinensis | | Trac |
| Kbao | [illegible] | B. L. | | Rubiacées | Randia longiflora | | Azâu |
| Khâu | [illegible] | Th. | 2.400 | Lauracées | Cinnamomum | N. L. B | Re |
| Khâu | [illegible] | N | | Symplocées | Symplocos racemosa | | Kuao |
| Kuuo | [illegible] | L | | Bignoniacées | Bignonia Longissima | | Quân |
| Khau boi | [illegible] | Th. | | Diptérocarpées | Vatica tonkinensis | | Tau |
| Kbi gài | [illegible] | Lao | | Diptérocarpées | id | | id |

| Nom vernaculaire | [colonne illisible] | Méthode | Volume annuel exploité en M³ | Famille | Nom scientifique ou classement botanique | Zone de végétation / Degré d'abondance | Nom commercial indochinois |
|---|---|---|---|---|---|---|---|
| [illegible] | [illegible] | [illegible] | | Lauracées | Laurus camphoroides Hemsl. | | [illegible] |
| [illegible] | [illegible] | [illegible] | | Lauracées | Litsea citrata | | [illegible] |
| [illegible] | [illegible] | [illegible] | | Diptérocarpées | Vatica tonkinensis | | [illegible] |
| [illegible] | [illegible] | [illegible] | | Lauracées | Cinnamomum | N.L.B. | [illegible] |
| [illegible] | [illegible] | [illegible] | | Styracinées | Symplocos ferruginea | N.L.B. | [illegible] |
| [illegible] | [illegible] | [illegible] | | Lauracées | Machilus odoratissima | N.L.B. | [illegible] |
| [illegible] | [illegible] | [illegible] | | Tiliacées | Elaeocarpus madopetalus | N.C.P. | [illegible] |
| **Khé chua** | [illegible] | [illegible] | | Oxalidacées | Averrhoa carambola | N.L.B. | [illegible] |
| [illegible] | [illegible] | [illegible] | | Bignoniacées | Markhamia stipulata | | [illegible] |
| **Khế** | [illegible] | [illegible] | 1.406 | Rosacées(?) | Stereospermum annamense | N.I.(?) | [illegible] |
| [illegible] | [illegible] | [illegible] | | Oxalidacées | Averrhoa carambola | | [illegible] |
| [illegible] | [illegible] | [illegible] | | Diptérocarpées | Hopea odorata | | [illegible] |
| [illegible] | [illegible] | [illegible] | | Sapotacées | Bassia Lilifolia | | [illegible] |
| [illegible] | [illegible] | [illegible] | | Légumineuses cés. | Dialium cochinchinensis | | [illegible] |
| [illegible] | [illegible] | [illegible] | | Lauracées | Cyanodaphne cuneata | | [illegible] |
| [illegible] | [illegible] | [illegible] | | Combrétacées | Terminalia myriocarpa | | [illegible] |
| [illegible] | [illegible] | [illegible] | | Légumineuses pap. | Dalbergia kerrii | | [illegible] |
| [illegible] | [illegible] | [illegible] | | | [illegible] | | [illegible] |
| [illegible] | [illegible] | [illegible] | | Légumineuses mim. | Pithecolobium clypearia | | [illegible] |
| [illegible] | [illegible] | [illegible] | | Moracées(?) | Gardenia [illegible] | | [illegible] |
| [illegible] | [illegible] | [illegible] | | Légumineuses cés. | Cassia Siamea | | [illegible] |
| [illegible] | [illegible] | [illegible] | | Diptérocarpées | Shorea [illegible] | | [illegible] |
| [illegible] | [illegible] | [illegible] | | Myrtacées | Eugenia jambos var. sylvatica | | [illegible] |
| [illegible] | [illegible] | [illegible] | | Rosacées | Parinarium annamense | | [illegible] |
| [illegible] | [illegible] | [illegible] | | Diptérocarpées | Dipterocarpus tuberculatus | | [illegible] |
| [illegible] | [illegible] | [illegible] | | Ébénacées | Diospyros [illegible] | | [illegible] |
| **Bahmai** | [illegible] | [illegible] | 90 | Moracées | Artocarpus integrifolia | | [illegible] |
| [illegible] | [illegible] | [illegible] | | Diptérocarpées | Anisoptera Tonkinensis | N.L.B. | [illegible] |
| [illegible] | [illegible] | [illegible] | | Diptérocarpées | Shorea Thorelii | | Tr[illegible] |
| [illegible] | [illegible] | [illegible] | | Guttifères | Calophyllum drioletomoides | | [illegible] |
| [illegible] | [illegible] | [illegible] | | Rubiacées | [illegible] | | [illegible] |
| [illegible] | [illegible] | [illegible] | | Rubiacées | [illegible] | | [illegible] |
| [illegible] | [illegible] | [illegible] | | Conifères | Podocarpus pedatus | | [illegible] |
| [illegible] | [illegible] | [illegible] | | Bignoniacées | Markhamia stipulata | | Dinh |
| [illegible] | [illegible] | [illegible] | | Rutacées | Citrus | | [illegible] |
| [illegible] | [illegible] | [illegible] | | Tiliacées | Elaeocarpus Dubius | | [illegible] |
| [illegible] | [illegible] | [illegible] | | Anacardiacées(?) | Mangifera foetida | | Muon |
| [illegible] | [illegible] | [illegible] | | Bignoniacées | Bignonia longissima | | [illegible] |
| [illegible] | [illegible] | [illegible] | 200 | Tiliacées | Pentace Tonkinensis | C.B. | Nhoïon |
| [illegible] | [illegible] | [illegible] | | Tiliacées | — id — | | [illegible] |
| **Kiền Liêu** | [illegible] | [illegible] | 4000 | **Diptérocarpées** | **Hopea Pierrei** | N.I.N. | **Kiền Kiền** |
| [illegible] | [illegible] | [illegible] | | Légumineuses mim. | Adenanthera microsperma | | Trach qoanh(?) |
| [illegible] | [illegible] | [illegible] | | Légumineuses cés. | Cassia timoriensis | | Muong |
| [illegible] | [illegible] | [illegible] | | Tiliacées | Elaeocarpus lacunosus | | [illegible] |

| Nom vernaculaire | Prononciation | Dialecte | Volume annuel exploité en M³ | Famille | Nom scientifique ou classification botanique | Zone de végétation (localité d'abondance) | Nom commercial indochinois |
|---|---|---|---|---|---|---|---|
| **Kim giao** | [illegible] | [illegible] | [illegible] | Conifères | Podocarpus latifolia | N.I.C. | **Kim giao** |
| **Kim phượng** | [illegible] | [illegible] | | Légumineuses caes. | Caesalpinia pulcherrima / Poinciana | | Kim > [illegible] |
| Kì sone lũang | [illegible] | [illegible] | | Samydacées | Casearia { kurrii / grewiae folia | | Van tili |
| [illegible] | [illegible] | [illegible] | | Diptérocarpées | Dipterocarpus | | Teh |
| [illegible] | [illegible] | [illegible] | | Homaliées | Homalium dictyoneurum | | [illegible] |
| Klean tỉk | [illegible] | [illegible] | | Rubiacées | Stephegyne parvifolia | | Ca giam |
| Klong | [illegible] | [illegible] | | Légumineuses pap. | Pterocarpus pedatus | | Dang huong |
| [illegible] | [illegible] | [illegible] | | | Pterocarpus cantoriarum | | |
| [illegible] | [illegible] | [illegible] | | Urticacées | Artocarpus polyphema | | [illegible] |
| Koda | [illegible] | [illegible] | | Malvacées | Bombax elliabam | | [illegible] |
| Kosi | [illegible] | [illegible] | | Diptérocarpées | Hopea nitida | S.I.A | Sao |
| [illegible] | [illegible] | [illegible] | | Diptérocarpées | Hopea dealbata | | Sao |
| [illegible] | [illegible] | [illegible] | | Homaliées | Hopea odorata | | Sao |
| [illegible] | [illegible] | [illegible] | | Diptérocarpées | Hopea recopei | | Sen |
| Kosa tao | [illegible] | [illegible] | | Diptérocarpées | Hopea Pierrei | | Kien bem |
| [illegible] | [illegible] | [illegible] | | Méliacées | Sandoricum indicum | L.R. | Sandac |
| [illegible] | [illegible] | [illegible] | | Rhizophorées | Rhizophora conjugata | | Troue |
| [illegible] | [illegible] | [illegible] | | Rubiacées | Adina sessilifolia | | Gua |
| [illegible] | [illegible] | [illegible] | | Tiliacées | Elaeocarpus tomentosus | | Sen [illegible] |
| Kon keng | [illegible] | [illegible] | | Légumineuses mim. | Vatica Parisiana | | Ko o |
| Kom | [illegible] | [illegible] | | Capparidées | Crataeva religiosa | | Bung |
| [illegible] | [illegible] | [illegible] | | Diptérocarpées | Dipterocarpus tuberculatus | | Lau |
| [illegible] | [illegible] | [illegible] | | Sterculiacées | Sterculia alata | | Cui trac |
| [illegible] | [illegible] | [illegible] | | Bixacées | Taractogenos indorcarpa | | Gia trung |
| [illegible] | [illegible] | [illegible] | | Bixacées | Hydnocarpus anthelmintica | N.V.C. | Cuou hou |
| [illegible] | [illegible] | [illegible] | | Myricacées | Myrica integrifolia | | Tram hroi |
| [illegible] | [illegible] | [illegible] | | Tiliacées | Elaeocarpus tomentosus | | Sen [illegible] |
| Krakar | [illegible] | [illegible] | | Légumineuses caes. | Sindora maritima | | Go |
| Krakas | [illegible] | [illegible] | | Zingibéracées | Amomum cardamomum | | Sa nhou |
| [illegible] | [illegible] | [illegible] | | Diptérocarpées | Shorea Cochinch. | | Go |
| [illegible] | [illegible] | [illegible] | | Samydacées | Casearia Grewiana | | Van tili |
| [illegible] | [illegible] | [illegible] | | Légumineuses caes. | Dialium Cochinchinense | | Xou tau |
| Kranas | [illegible] | [illegible] | | Diptérocarpées | Vatica astrotricha | | Dou huong |
| Kranol | [illegible] | [illegible] | | Rubiacées | Neonauclea lucifolia | | [illegible] |
| Kha suong | [illegible] | [illegible] | | Légumineuses pap. | Dalbergia Cochinchinensis | | Trac |
| Kra | [illegible] | [illegible] | | Guttifères | Kayea eugeniaefolia | | Trui hoang |
| Kra đanh | [illegible] | [illegible] | | Rutacées | Feronia lucida | | Cau thu ru |
| Kesale | [illegible] | [illegible] | | Zingibéracées | Amomum { cardamomum / elephandum | | Sa nhou |
| Krasra | [illegible] | [illegible] | | Myrtacées | Melaleuca leucadendron | | Tram |
| Kral | [illegible] | [illegible] | | Anonacées | Xylopia Vielana | | Gien |
| Krovanh | [illegible] | [illegible] | | Zingibéracées | Amomum cardamomum | | Sa nhau |
| Kray sar | [illegible] | [illegible] | | Tiliacées | Elaeocarpus tomentosus | | Sen [illegible] |

| Nom vernaculaire | Prononciation | Dialecte | Volume annuel exploité en M³ | Famille | Nom scientifique (Caractère botanique) | Zone de production (Régions d'abondance) | Nom commercial indochinois |
|---|---|---|---|---|---|---|---|
| Kô... | [illegible] | K | | Légumineuses césalp. | Cassia fistula | | Muong |
| Krès | [illegible] | X | | Diptérocarpées | [illegible] Siamensis | | [illegible] |
| Ktôde... | [illegible] | K | | Anacardiées | Melanorrhea laccifera | | [illegible] |
| Krong | [illegible] | K | | Euphorbiacées | Aporosa [illegible] | | [illegible] |
| Kraul | [illegible] | X | | Anacardiacées | Melanorrhea laccifera | | [illegible] |
| Ka no tai | [illegible] | I | | Légumineuses caïm. | Arnesa Forresiana | | [illegible] |
| Ka iou | [illegible] | K | | Sapindacées | Litchi sinensis | | [illegible] |
| Kxy u | [illegible] | K | | Ebénacées | Adina cordifolia | | [illegible] |

**L.**

| Nom vernaculaire | Prononciation | Dialecte | Volume annuel exploité en M³ | Famille | Nom scientifique (Caractère botanique) | Zone de production (Régions d'abondance) | Nom commercial indochinois |
|---|---|---|---|---|---|---|---|
| **La** | [illegible] | X | | Myristicées | Horsfieldia [illegible] | | [illegible] |
| **Lai** | [illegible] | X | | Simarubacées | Ailanthus [illegible] | | [illegible] |
| [illegible] | [illegible] | X | | Simarubacées | Alandus malabarica | | [illegible] |
| La lou | [illegible] | X | | Célastracées | Kazimia reducta | | [illegible] |
| La [illegible] | [illegible] | X | | Légumineuses césalp. | Sarcea d[illegible] | | [illegible] |
| Lau [illegible] | [illegible] | M | | Sapindacées | [illegible] Candolleana | | [illegible] |
| Lau | [illegible] | [illegible] | | Ebénacées | Pterospermum [illegible] | | [illegible] |
| L[illegible] | [illegible] | J | | Guttifères | Dolenia [illegible] | C. B. | [illegible] |
| L[illegible] | [illegible] | [illegible] | | Légumineuses césalp. | Litchi [illegible] | | [illegible] |
| L[illegible] | [illegible] | VI | | Légumineuses pap. | [illegible] | | [illegible] |
| [illegible] | [illegible] | X | | Rubiacées | Sandia [illegible] | | [illegible] |
| Lang [illegible] | [illegible] | X | | Guttifères | Tabbili [illegible] | | [illegible] |
| Lau [illegible] | [illegible] | I | | Ulmacées | Diospyros [illegible] | | [illegible] |
| Lau [illegible] | [illegible] | N | | Anacardiacées | Buchanania [illegible] | N. L. B. | [illegible] |
| **Lau mang** | [illegible] | X | 7.800 | Sterculiacées | Pterospermum [illegible] | | [illegible] |
| **La ngon** | [illegible] | X | | Ericacées | Myrica [illegible] | | [illegible] |
| Lau [illegible] | [illegible] | J | | Samydacées | Ailanthus malabaricus | | [illegible] |
| Lau [illegible] | [illegible] | X | | Hypéricacées | Cratoxylon formosum | | [illegible] |
| **Lành ngành** | [illegible] | X | 1.700 | **Hypéricacées** | **Cratoxylon formosum** | L. N. | **Lành ngành** |
| [illegible] | [illegible] | B. L. | | Lythrariées | Lagerstroemia speciosa | | [illegible] |
| Lau | [illegible] | C.B. | | Tiliacées | Elaeocarpus [illegible] | | [illegible] |
| **Lát** | [illegible] | X | 3.800 | **Méliacées** | **Chukrasia tabularis** | N. L. B. | **Lát** |
| Lát [illegible] | [illegible] | I | | Méliacées | Cedrela [illegible] | | [illegible] |
| Lát [illegible] | [illegible] | T | | Méliacées | Chukrasia tabularis | | [illegible] |
| Lát ou Co | [illegible] | I | | Méliacées | Chukrasia tabularis | | Xoan moïc |
| Lát vôi | [illegible] | I | | Méliacées | Cedrela febrifuga | | Xoan [illegible] |
| Lát xoan | [illegible] | T | | Anacardiacées | Spondias tonkinensis | | Bai |
| La [illegible] | [illegible] | X | | Papilionacées | Sonneratia acida | | Sôi |
| [illegible] | [illegible] | III. | | Sapotacées | Bassia Pasquieri | | Luong [illegible] |
| Lau [illegible] | [illegible] | [illegible] | | Ternstroemiacées | Anopelea fragrans | | [illegible] |
| | | | | | Vatica astrotricha | | |
| **Làu làu** | [illegible] | X | 2.800 | **Diptérocarpées** | Vatica Harmandiana | S. L. N. | **Làu làu** |

| Nom vernaculaire | Pronunciation | Dialecte | Volume annuel exploité en M³ | Famille | Nom scientifique (Nomenclature classique) | Zone de végétation (Lieux d'observation) | Nom commercial indochinois |
|---|---|---|---|---|---|---|---|
| Sau Dau mit | [illegible] | N | | Diptérocarpées | [illegible] lanche | | Lâu lâu |
| Sau Dau nude | [illegible] | N | | Diptérocarpées | [illegible] philostreres | | Lâu lâu |
| Sau Dau trang | [illegible] | N | | Diptérocarpées | [illegible] Astrotricha | | Lâu Cu |
| Sau Dau [illegible] | [illegible] | N | | Diptérocarpées | [illegible] dveri | | Lâu lâu |
| Lay | Laille | IH | | [illegible] | [illegible] xylon [illegible] | | Mâ [illegible] |
| Lis | [illegible] | III | | Guttifères | [illegible] grassans | | [illegible] |
| Lay | [illegible] | L | | Sapindacées | Aesculus chinensis | | N [illegible] |
| Lay | Laire | [illegible] L | | Rhizophorées | Cordia lucida | | Sang [illegible] |
| Lim huong | [illegible] | h | | Diptérocarpées | Dipterocarpus artocarpifolius | | Da [illegible] |
| Ledou | [illegible] | K | | Légumineuses pap. | Dalbergia tonkensis [illegible] | | Ca [illegible] |
| **Le tu** | [illegible] | N | | Anacardiacées | [illegible] tonkinensis | | La lu |
| Le [illegible] | [illegible] | L | | Laurinées | Litsea Nang | | Bo [illegible] |
| Le [illegible] | [illegible] | IB | | Légumineuses cæs. | Peltophorum tonkinensis | | [illegible] |
| Loau | [illegible] | N | 110 | Légumineuses mim. | Acacia Kärth | N. [illegible] | La [illegible] |
| [illegible] | [illegible] | I | | Laurinées | [illegible]ostroxylon sp. | | |
| Li [illegible] | [illegible] | IA | | Méliacées | Melia azedarach | | Nam [illegible] |
| Li [illegible] | [illegible] | L | | Euphorbiacées | [illegible] | | [illegible] |
| **Lim** | [illegible] | | 38.000 | **Læsum cæs** | **Erythrophlaeum Fordii** | N. [illegible] | **Lim** |
| Lim [illegible] | [illegible] | I | | Légumineuses cæs. | Peltophorum tonkinense | | Lim xet |
| Lim [illegible] | [illegible] | I | | Légumineuses cæs. | Peltophorum dasyrachis | | Hoe vâng |
| | | | | | Peltophorum inermis | | Hoe la lab |
| | | | | | [illegible] | | Hoang ba [illegible] |
| Lim [illegible] | [illegible] | N | | Légumineuses cæs. | Erythrophloeum Fordii | | Lim |
| **Lim xet** | [illegible] selle | I | 180 | **Lég. cæs** | **Petrophorum** { ferrugineum / tonkinense } | N. [illegible] | **Lim xet** |
| Lo [illegible] | [illegible] | [illegible] | | Rhizophorées | Gardenia lucida | | Sang [illegible] |
| **Lo ha** | [illegible] | N | | Tiliacées | [illegible]niowia [illegible] | | Lo [illegible] |
| Lo lo la lo [illegible] | [illegible] | [illegible] | | Ebénées | [illegible]niowia Densiflora | | La la |
| Lo [illegible] | [illegible] | N | | Euphorbiacées | Mallotus barbatus | | La [illegible] |
| **Loe ma** | [illegible] | N | | Icacinacées | [illegible]xylon Inbicus | | La [illegible] |
| **Lui** | [illegible] | T | | Cunorliacées | [illegible]sonia paniculata | | Lou |
| Loi | [illegible] | N | | Euphorbiacées | Bischofia javanica | | Nh [illegible] |
| Lui [illegible] | [illegible] | T | | Verbénacées | Gmelina arborea | | Thy |
| Loi la | [illegible] | N | | Euphorbiacées | Bischofia javanica | | Nang |
| Lo sa vi | [illegible] | A | | Euphorbiacées | Glochidion obliquum | | Con |
| Lo lo | [illegible] | N | | Euphorbiacées | Chaetocarpus castaneocarpus | | Vu |
| Lo [illegible] | [illegible] | N | | Euphorbiacées | Excoecaria oppositifolia | | Sang cna |
| **Lâm com** | [illegible] | N | 1.500 | Tiliacées | [illegible]carpus Dubius | N. [illegible] | Lom com |
| Lau [illegible] | [illegible] | N | | Méliacées | Melia domestica | | Gói |
| Long | [illegible] | N | | Apocynacées | Wrightia annamensis | | Long mo |
| **Lyng** | [illegible] | N | 700 | Burséracées | [illegible]nx marginosetaca | N. [illegible] | Lyse |
| Long com | [illegible] | N | | Tiliacées | Eleocarpus dubius | | Lôm com |
| Lyng [illegible] | [illegible] | K | | Hypéricinées | Cratoxylon polyandrum | | Lach [illegible] |

| Nom vernaculaire | Reconstruction | Dialecte | Volume annuel exploité en M³ | Famille | Nom scientifique de la nomenclature botanique | Degré d'abondance Région de végétation | Nom vernaculaire indochinois |
|---|---|---|---|---|---|---|---|
| **Lông máng** | Laxiyan [illegible] | A | | Frunicnosfes | Macronya [illegible] | | [illegible] |
| Long n ang | [illegible] | \ | | Sterculiacées | Pterospermum Jackianum | | Long ma [illegible] |
| | | | | | — Sageretiae | | |
| | | | | | — diversifolium | | |
| | | | | | — grewefolium | | |
| **Lông mực** | [illegible] | A | 700 | Anonacées | Wendlandia annamensis | L. B. | [illegible] |
| [illegible] | [illegible] | A | | Lauracées | Cinnamomum camphora | | Rè huong [illegible] |
| [illegible] | [illegible] | \ | | Sapindacées | Euphoria longana | | Nhan |
| [illegible] | Long ve | K | | Hypericacées | Chalcydon ferosum | | [illegible] |
| [illegible] | [illegible] | L | | Rubiacées | Randia tomentosa | | [illegible] |
| L. | Lua | L | | Guttifères | Garcinia cambodgensis | | Bong phan |
| **Luong xuong** | Luong [illegible] | \ | | Ternstroemiacées | Anneslea censiana | | [illegible] |
| [illegible] | Lam lue | K | | Diptérocarpées | Shorea sp. | | [illegible] |
| [illegible] | [illegible] | T | | Moracées | Ficus religiosa | | [illegible] |
| [illegible] | [illegible] | B. L | | Ulmacées | Burya nudis | | Gi [illegible] |
| [illegible] | Luong ziclau | L | | Magnoliacées | Manglietia Fordiana | | Mo vang tam |
| [illegible] | Lucula | Th | | Myristicacées | Knema conferta | | Man [illegible] |
| **Lu rai** | Lua [illegible] | C | | Sapotacées | Sapotacex conspicuos | | [illegible] |
| L. | La | \ | | Euphorbiacées | Aleurites montana | | La |
| L. | Le | Th | | Guttifères | Cassania Rigi [illegible] | | Leo L |
| L. | Le | [illegible] L | | Rhizophoracées | Carallia lucida | | Se [illegible] |
| **M** | | | | | | | |
| Ma | Ma | \ | | Verbénacées | Vitex glabrata | | Binh linh |
| M | Ma | B. | | Légumineuses pap. | Saraca dives | | Vang anh |
| Mac | Macs | \ | | Apocynacées | Wrightia Annamensis | | Long mu |
| Mac chac | Mac rock | L | | Magnoliacées | Illicium verum | | Hoi |
| Mach | Mai e | k | | Diptérocarpées | Hopea ferrea | | Sao [illegible] |
| Macameng | Mal si [illegible] | L | | Légumineuses caes. | Dialium cochinchinensis | | N [illegible] |
| Mac [illegible] | Mai [illegible] | L | | Ebénacées | Diospyros eburnea | | Mun |
| Mac [illegible] | dus [illegible] | L | | Légumineuses caes. | Caesalpinia bonducella | | [illegible] |
| **Mâm** | [illegible] | \ | 55 | Anonacées | Anneslea occidentalis | V. B. | Mâc |
| **Mâm da** | [illegible] | A | | **Sapotacées** | **Sideroxylum Eburneum** | B. C. B. | **Mâm da** |
| **Mận** | [illegible] | Th | | Rosacées | Prunus triplocara | | Mes |
| Mâ [illegible] | [illegible] | L | | Euphorbiacées | Aporosa microcalyx | | Dâu tât |
| **Lân hâu** | [illegible] | L | | Euphorbiacées | Macaranga Henricorum | | Sâu sâu |
| Man [illegible] | [illegible] | \ | | Balanées | Malanlia disticha | | Quit |
| Mân cho | [illegible] | L | | Euphorbiacées | Macaranga Poilanei | | Môn n/u |
| Mân [illegible] | [illegible] | A | | Légumineuses mim. | Acacia Farnesiana | | Keo |
| Mâxu [illegible] | [illegible] | L | | Légumineuses | Fagraea fragrans | | Trai |
| Mo kêt | [illegible] | \ | | Légumineuses caes. | Gleditschia australis | | Bô kêt |
| **Mân mây** | [illegible] | C | | Combrétacées | Grossera [illegible] | | Mân mây |
| Mung | Mangue | \ | | Sterculiacées | Pterospermum truncatilobatum | | Lông máng |

| Nom vernaculaire | Prononciation | Usuelle | Volume annuel exploité en M³ | Famille |
|---|---|---|---|---|
| Marg... dua... | [illegible] | L | | Connarées |
| Marg... [illegible] | [illegible] | A | | Sterculiacées |
| Marg... [illegible] | [illegible] | A | | Sterculiacées |
| Mâr... [illegible] | [illegible] | N | | Légumineuses |
| **Mâu tana** | [illegible] | N | | Euphorbiacées |
| Mâ... [illegible] | [illegible] | K | | Légumineuses inim. |
| Mâ... | [illegible] | CR | | Bonacées |
| Mâ... | [illegible] | A | | Légumineuses |
| Mâ... | [illegible] | Fo | | Anonarliacées |
| [illegible] | [illegible] | A | | Anacardiacées |
| Mâ... | [illegible] | L | | Euphorbiacées |
| **Mâu** | [illegible] | A | 40 | Rutacées |
| [illegible] | [illegible] | A | | Rutacées |
| [illegible] | [illegible] | A | | Rutacées |
| **Mâu cho** | [illegible] | A | 50 | Anacardiacées |
| Mâ... | [illegible] | A | | Légumineuses inim. |
| **Mâu tau** | [illegible] | A | | Rutacées |
| [illegible] | [illegible] | A | | Connarées |
| [illegible] | [illegible] | L | | Légumineuses eryth. |
| [illegible] | [illegible] | VII | | Dilléniacées |
| **Me** | [illegible] | A | | Légumineuses eryth. |
| Me... | [illegible] | N | | Rubiacées |
| Me... | [illegible] | N | | Rubiacées |
| Me... [illegible] | [illegible] | L | | Hamamélidacées |
| M... | [illegible] | L | | Dilléniacées |
| **Me rung** | [illegible] | A | | Lécanostacées |
| Me... [illegible] | [illegible] | A | | Myrtacées |
| M... | [illegible] | CH | | Moracées |
| Mâu ... | [illegible] | N | | Légumineuses rare. |
| Me... [illegible] | [illegible] | N | | Mélia tées |
| Mâu... | [illegible] | K | | Sterculiacées |
| **Mit** | [illegible] | A | 200 | **Moracées** |
| M... | [illegible] | A | | Moracées |
| Mit... | [illegible] | A | 200 | Moracées |
| Mô... | [illegible] | A | | Lauracées |
| **Mo** | [illegible] | A | | Légumineuses eryth. |
| Mô... | [illegible] | A | | Magnoliacées |
| M... | [illegible] | A | | Oléacées |
| Mâu | [illegible] | A | | Rutacées |
| Mâu... | [illegible] | A | | Bonacées |



| Nom scientifique de l'espèce botanique | Degré d'abondance Zône de végétation | Nom commercial indochinois |
|---|---|---|
| Alangium sinense | | Phú |
| Pterospermum truncatilobatum | | Liêu mộc |
| Pterospermum grewiaefolium | | Liêu mộc |
| Fagraea fragrans | | Trai |
| Litsea Cubeba | | Vạng taxa |
| Adenanthera pavonina | | Trạch [illegible] |
| — microsperma | | |
| Clausena Wampi | | Hoang ai |
| Strychnos nux vomica | | [illegible] |
| Spondias Lasoaensis | | Giâu gia |
| Mallotus philippinensis | | [illegible] |
| Antidesma Fleebardtii | | [illegible] |
| GLYCOSMIS MONTANA | N. I. R. | Nha |
| Glycosmis montana | | Nhâu |
| Glycosmis montana | | Nhâu |
| Knema conferta | I. B. | Máu chu |
| Knema corticosa | | [illegible] |
| Lithocarpus auriculatum | | Deo |
| ZANTHOXYLUM AVICENNAE | | Mac cou |
| Ocanocarpus aquaensis | | Luoi frau |
| Latcela scandens | | Câ u |
| Dillenia pentagyna | | [illegible] |
| Tessmannia aspera | | [illegible] |
| Canthium dicoccum | | N [illegible] |
| Canthium dicoccum | | N [illegible] |
| Liquidambar formosana | | Sau |
| Dillenia pentagyna | | [illegible] |
| Phyllanthus EMBLICA | | [illegible] |
| Barringtonia longipes | | Ca Long |
| **Artocarpus integrifolia** | | Mj |
| Gleditschia australis | | Bo ket |
| Aglaia gigantea | | G |
| Euphoria cambodiana | | Nhan |
| Artocarpus integrifolia | I. B. | Mit |
| Artocarpus | | Mit |
| Artocarpus | | Mit |
| Artocarpus hirsuta | | Mit |
| Litsea polyantha | N. I. R. | Mo |
| Dracontomelum tonkinense | | Mer |
| Manglietia Glauca | N. I. R. | Mỡ vàng tâm |
| Osmanthus fragrans | | Huê mộc |
| Fagraea Bullockii | | Trai |
| Glycosmis montana | | Mân |

| Nom vernaculaire | Transcription | Dialecte | Volume annuel exploité en M³ | Famille | Nom scientifique et classification botanique | Zones de végétation / Usages et dendrologie | Nom commercial indochinois |
|---|---|---|---|---|---|---|---|
| [illegible] | [illegible] | L | | Anacardiées | Aganis pluifera | | [illegible] |
| [illegible] | [illegible] | A | 35 | Légumineuses mim. | Albizzia procera | S. L. | Muồng |
| [illegible] | [illegible] | A | | Combretacées | Terminalia catappa | | Bàng |
| | | | | Apocynacées | Alstonia scholaris | | Sữa |
| | | | | Sapotacées ? | Bassia ?dulis | | [illegible] |
| [illegible] | [illegible] | I | | Légumineuses ces. | Cassia Garretiana | | Muồng |
| [illegible] | [illegible] | TH | | Taxacées | Podocarpus impressus | | [illegible] |
| [illegible] | [illegible] | K | | Anacardiacées | Spondias mangifera | | Noh |
| [illegible] | [illegible] | L | | Euphorbiacées | Baccaurea annamensis | | [illegible] |
| [illegible] | [illegible] | TH | | Moracées | Morus indica | | Gô |
| [illegible] | [illegible] | A | | Bixacées | Flacourtia cataphracta | | [illegible] |
| [illegible] | [illegible] | A | | Acéracées | Acer tonkinense | | [illegible] |
| [illegible] | [illegible] | B. | | Mélastomacées | Memecylon edule | | [illegible] |
| [illegible] | [illegible] | A | | Cornacées | Mangium sinense | | IL |
| [illegible] | [illegible] | | | Euphorbiacées | Erismanthus indochinensis | | [illegible] |
| [illegible] | [illegible] | A | | Euphorbiacées | Aporosa [illegible] | | [illegible] |
| [illegible] | [illegible] | b | | Méliacées | Dysoxylon loureiri | | [illegible] |
| [illegible] | [illegible] | A | | Euphorbiacées | Aporosa microcalyx | | [illegible] |
| [illegible] | [illegible] | [illegible] | | Bixacées | Eriolaena [illegible] | | [illegible] |
| [illegible] | [illegible] | A | | Euphorbiacées | Glochidion [illegible] | | [illegible] |
| [illegible] | [illegible] | A | | [illegible] | Anisoptera scaphula | | [illegible] |
| [illegible] | [illegible] | (L) | | [illegible] | Elaeocarpus floribundus | | Lim Sến |
| **Mỡ sang tâm** | [illegible] | A | | **Magnoliacées** | **Manglietia** } **Fordiana** / **glauca** | N. L. B. | **Mỡ sang tâm** |
| **Hua** | [illegible] | A | | Mélastomacées | Melastoma flos [illegible] | | [illegible] |
| [illegible] | [illegible] | A | | Apocynacées | Alstonia scholaris | S. L. B. | [illegible] |
| [illegible] | [illegible] | Lin | | Apocynacées | Wrightia annamensis | | [illegible] |
| [illegible] | [illegible] | A | | Apocynacées | Wrightia annamensis | | [illegible] |
| [illegible] | [illegible] | A | | Apocynacées | Wrightia ovata | S. L. B. | [illegible] |
| **Mu cua** | [illegible] | A | 85 | Légumineuses mim. | Albizzia [illegible] | | [illegible] |
| [illegible] | [illegible] | TH | | Styracacées | Styrax tonkinense | | [illegible] |
| [illegible] | [illegible] | A | | Myrtacées | Barringtonia Eberhardtii | | [illegible] |
| **Mun** | [illegible] | A | | **Ébénacées** | **Diospyros Mun** [illegible] | | **Mun** |
| | | | | | — Tonkinensis | | [illegible] |
| | | | | | — ebenum | | Mặc |
| **Hoàng quân** | [illegible] | A | | **Bixacées** | **Flacourtia cataphracta** | | **Hoàng quân** |
| [illegible] | [illegible] | A | | Myrtacées | Barringtonia acutangula | | Vừng |
| [illegible] | [illegible] | [illegible] | | Légumineuses ces. | Deltaphorum dasyrachis | | Hoàng Bnh |
| [illegible] | [illegible] | A | | Amarantacées | Rhus simulata | | Sơn |
| **Muỗm** | [illegible] | A | | **Anacardiacées** | **Mangifera foetida** | | **Muỗm** |
| [illegible] | [illegible] | TH | | Rutacées | Glycosmis cochinchinensis | | Buởi bung |
| [illegible] | [illegible] | A | | Euphorbiacées | Aporosa microcalyx | | Gân cát |
| **Muồng** | [illegible] | [illegible] | 30,300 | Légumineuses ces. | Cassia timorensis et ovens | | **Muồng** |
| [illegible] | [illegible] | A | | Légumineuses ces. | Cassia Garretiana | | Muồn |
| [illegible] | [illegible] | A | | Légumineuses ces. | Cassia timorensis | | M Lông |

| Nom vernaculaire | Prononciation | H | Volume annuel exploité en M³ | Famille | Nom scientifique de l'espèce botanique | Zone de végétation Densité Abondance | Nom commercial indochinois |
|---|---|---|---|---|---|---|---|
| Muồng rủi | Ataneque gracle | A | | Lég. mimeuses caes. | Cassia arabica | | Muồng |
| **Muồng núi** | Ataneque nubica | A | | **Légum. caes.** | **Cassia siamea** | | **Muồng núi** |
| Muồng rút | Ataneque Rualle | A | | Légumineuses caes. | Cassia arabica | - L. R. | Moồng |
| Muồng ta | Ataneque ta | A | | Légumineuses caes. | Cassia ardua | | Muồng |
| Muồng ri | Ataneque la | A | | Rutacées | Zanthoxylum axicennae | | Mâu bơn |
| Muồng trắng | Ataneque lissopal | A | | Lég. mimeuses caes. | Cassia arabica | | Muồng |
| Muồng trước | Ataneque tronique | A | | Rutacées | Zanthoxylum Rhetsa | | Mau cơn |
| Muồng sóne | Ataneque cesira | A | | Légumineuses caes. | Cassia arcsira | | Muồng |
| Mư rơi | Hea cnalle | L | | Dilléniacées | Dillenia pentagyna | | N. |
| **Mư u** | Heat car | | | Guttiférens | Catunyrca u. soquvtum | | M... |
| Mus | Mri | A | | Méliacées | Azada odrata | | Ngân |
| **Mỹ** | Vi | | 1.500 | Lég. visqueuses caes. | Lumnea Burmaciana | N. L. R. | M. |
| Mỹ ap | Mi oppe | G. 1 | | Tiliacées | Colomila floribunda | | |
| Na | Nd | | | Cannacées | Manglana odorana | | Nou |
| Na | Nolle | | | Légumineuses caes. | Dialium cochinchinense | | Xoay |
| Na | Nathe | | | Laurate Lucées | Ailanthus integrifolium celebeskianum | | Gong corc |
| Na lou | Na hau | | | Ebenacées | Diospyros eborana | | Mun |
| Noa cave | Nana beteque | L | | Vacculiacées | Melanorhea Lucifera | | S ? |
| Nam | Nereque | L | | Euphorbiacées | Sapium baccatum | | Ns |
| Nate gia | Nemale ca | L | | R. Méliacées | Aglaia cochinchinensis | | Gội |
| Nong kdou | Nereque hene | J | | Anacardiacées | Melanorhea laccifera | | Sơn |
| Nong upou | Nereque mant | J | | Légum. pap. | Dalbergia robusta | | Ca vho |
| Nao | Nea | A | | Méliacées | Bauhinia species | | Lat |
| **Nâu** | Neou | A | | Convolv. | Myristica gossypium | | Nhé |
| Nưng kon | Neout leanga | K | | Légumineuses pap. | Dalbergia Lanceolaria | K | Cam lai |
| Nưng đou | Neout anesope | K | | Légum. pap. | Dalbergia dongnaiensis | K | Cam lai |
| Nưng cruou | Neout keri | K | | Lauracées | Lysidium onesta | K | Ca xuôi |
| Nưng Phuok | Neout phaeque | K | | Combrétacées | Terminalia tomentosa | K | Ca xau |
| Nư | Nuře | | | Rhizophoracées | Ceriops candolleana | | P. |
| Nguu | Nghvane | Pub | | Sapindacées | Euphoria longana | | Nhâu |
| Ngan ugou | Nghan ugone | A | | Hypéricacées | Cratoxylon formosum | | Laru uganh |
| Nganh ngou | Nghan ugon | A | | Hypéricacées | Cratoxylon formosum | | Laru ngoan |
| Nao | Ngoug | A | 2400 | Rubiacées | Morinda citrifolia | | Nhâu |
| **Ngát** | Ngue | A | | Linacées | GIRONNIERA SINENSIS | N. L. A. | Ngát |
| Ngát trắng | Ngue longue | A | | — | Gironniera chinensis | | Ngát |
| Ngát vàng | Ngulle coque | A | | — | Gironniera chinensis | | Ngát |
| Ngát xanh | Ngulle cque | A | | — | Gironniera chinensis | | — |
| **Ngâu** | Ngugu | A | | Méliacées | Vacau Perennrana | | Ngâu |
| Ngâu dại | Ngau mille | A | | Méliacées | Aglaia odorata | | Ngâu |
| Ngâu rừng | Ngmeu renugar | A | | Méliacées | Aglaia pleuropteris | | Ngâu |
| Ngâu xanh | Ngulle seque | K | | Légumineuses caes. | Cassia Garyotiana | | Muồng |
| **Nghiến** (do) | Nghiena do | T | 3200 | **Tiliacées** | **Pentace tonkinense** | T. I. | **Nghiến** |
| Nghiến rọt | Nghiena rorolle | T | | Tiliacées | Pentace tonkinense | | Nghiến |

| Nom vernaculaire | Prononciation | Dialecte | Volume exploité annuel en M³ | Famille | Nom scientifique ou d'origine botanique | Zone de végétation lieux d'habitat | Nom commercial indochinois |
|---|---|---|---|---|---|---|---|
| [illegible] | [illegible] | TH | | Sapindacées | Nephelium lappaceum | | Thiều |
| [illegible] | [illegible] | TH | | Malvacées | Bombax malabaricum | | Gạo |
| [illegible] | [illegible] | A | | Conifères | Pinus insularis | | Thông |
| **Ngô** | [illegible] | A | | Bombacées | Bassia [illegible] | | **Ngô** |
| [illegible] | [illegible] | TH | | Salicacées | Salix tetragonum | | Vả |
| [illegible] | [illegible] | A | | Euphorbiacées | Mallotus Eberhardtii | | Ngát |
| [illegible] | [illegible] | A | | Conifères | Cupressus funebris | | Bách |
| [illegible] | [illegible] | A | | Myrtacées | Carya arborea | | Vải |
| [illegible] | [illegible] | A | | Euphorbiacées | Apenus marrocalyx | | [illegible] |
| [illegible] | [illegible] | A | | Euphorbiacées | Gelonium multiflorum | | Mức |
| [illegible] | [illegible] | A | | Borraginées | Cordia bantamensis | | cồng |
| [illegible] | [illegible] | A | | Rutacées | Clausena Wampi | | Hồng bì |
| **Agat** | [illegible] | A | 300 | Légumineuses | Mangifera [illegible] | N. C. B. | Xoài |
| Vạng qui | [illegible] | A | | Borraginées | Murraya exotica | | Nguyệt quới |
| [illegible] | [illegible] | A | | Styracées | Styrax benjoin | | Bồ đề |
| **Nhãn** [illegible] | [illegible] | A | | **Sapindacées** | **Euphoria longana** | | **Nhãn** |
| [illegible] | [illegible] | L | | Diptérocarpées | Nephelium [illegible] | | [illegible] |
| [illegible] | [illegible] | A | 100 | Sapindacées | Dipterocarpus [illegible] | N. C. B. | Dầu |
| [illegible] | [illegible] | A | | Sapindacées | Nephelium sp. | | Nhãn |
| [illegible] | [illegible] | A | | Dipsacées | Euphoria [illegible] | | — |
| **Thau** | [illegible] | A | | Rosacées | Labundia Hoa hòe | | [illegible] |
| [illegible] | [illegible] | A | | Rubiacées | Morus [illegible] | | Xoan |
| [illegible] | [illegible] | A | | Rubiacées | Morinda citrifolia | | Nhàu |
| [illegible] | [illegible] | A | | Lauracées | Tarenna citrina | | Tè |
| [illegible] | [illegible] | A | | Lauracées | Cinnamomum tonkinense | | Re |
| **Ngư** | [illegible] | A | | Combrétacées | Terminalia Papilio | | Chiêu liêu |
| [illegible] | [illegible] | A | | Anonacées | Parashorea Guertnes | | Vên vên |
| **Nhội** | [illegible] | A | | Anonacées | Polythia cortices | | — |
| [illegible] | [illegible] | A | 750 | Burseracées | Buchanania javanica | N. C. B. | Nhựa |
| [illegible] | [illegible] | A | | Tiliacées | Linocarpus Querciolius | | [illegible] |
| [illegible] | [illegible] | L | | Sterculiacées | Tarrietia Cochinchinensis | | Huỳnh |
| [illegible] | [illegible] | L | | Tiliacées | Parasarpus julius | | Lòng mang |
| [illegible] | [illegible] | A | | Euphorbiacées | Mallotus Hookerianus | | Bùi |
| Nhu | [illegible] | L | | Rosacées | Pygeum eberum | | Xoan đào |
| [illegible] | [illegible] | L | | Malvacées | Bombax malabaricum | | Gạo |
| [illegible] | [illegible] | A | | Euphorbiacées | Mallotus barbatus | | Lá ngón |
| [illegible] | [illegible] | A | | Anacardiacées | Spondias mangifera | | Xuân rừng |
| **Xinh** | [illegible] | TH | | Myrtacées | Rhodomyrtus tomentosa | | Sim |
| [illegible] | [illegible] | A | | Légum. caes. | Cratia chrysantha | | Nền |
| **Xoi** | [illegible] | A | | Légum. caes. | Pahudia Cochinchinensis | | Hồi |
| **Xông** | [illegible] | A | | Lauracées | Cinnamomus [illegible] | | Nơi |
| [illegible] | [illegible] | A | | Diptérocarpées | Sarcacea trisperma | | Nang |
| [illegible] | [illegible] | A | | Diléniacées | Alchornea Tiliaefolia | | Đom đóm |

| Nom vernaculaire | Prononciation | Dialecte | Volume annuel exploité en M3 | Famille |
|---|---|---|---|---|
| [illegible] | [illegible] | K | | Guttifères |
| **Nuc nac** | [illegible] | A | | Boraginées |
| Nau | [illegible] | A | | Myrtacées |
| Ny | [illegible] | K | | Diptérocarpées |
| **O** | | | | |
| [illegible] | [illegible] | A | 500 | |
| [illegible] | [illegible] | A | | Burséracées |
| [illegible] | [illegible] | TH | | Myrtacées |
| [illegible] | [illegible] | A | | Hypéricacées |
| Oc tie | [illegible] | A | | Verbénacées |
| [illegible] | [illegible] | K | | Sterculiacées |
| **Ong bau** | [illegible] | A | | Papavéracées |
| [illegible] | [illegible] | K | | Guttifères |
| [illegible] | [illegible] | K | | [illegible] |
| **O ru** | [illegible] | A | | Acanthacées |
| **P** | | | | |
| [illegible] | [illegible] | L | | Euphorbiacées |
| [illegible] | [illegible] | TH | | Sapindacées |
| [illegible] | [illegible] | L | | Rubiacées |
| [illegible] | [illegible] | K | | Rubiacées |
| [illegible] | [illegible] | L | | Euphorbiacées |
| [illegible] | [illegible] | G.L. | | Méliacées |
| [illegible] | [illegible] | L | | Euphorbiacées |
| [illegible] | [illegible] | L | | Conifères |
| [illegible] | [illegible] | A | | Dilléniacées |
| [illegible] | [illegible] | K | | Dilléniacées |
| **Po mou** | [illegible] | Ch. | 1.500 | **Conifères** |
| [illegible] | [illegible] | L | | Euphorbiacées |
| Psu | [illegible] | TH | | Juglandées |
| [illegible] | [illegible] | M | | Méliacées |
| [illegible] | [illegible] | L | | Rubiacées |
| [illegible] | [illegible] | L | | Ponticacées |
| Pen xay | [illegible] | | | Méliacées |
| [illegible] | [illegible] | | | Myrtacées |
| Phua pim | [illegible] | | | Sapindacées |
| [illegible] | [illegible] | K | | Guttifères |
| [illegible] | [illegible] | L | | Sapotacées |
| Phit | [illegible] | Ch. | | Euphorbiacées |
| Phuy | [illegible] | Th. | | Euphorbiacées |
| Phay sua | [illegible] | A | | Conifères |
| Phay vang mua | [illegible] | A | | Ponticacées |
| Phay v | [illegible] | M | | Ponticacées |
| **Phay si)** | [illegible] | T | 6.000 | [illegible] |



| Nom scientifique ou espèce botanique | Zone de végétation / Degré d'abondance | Nom commercial indochinois |
|---|---|---|
| Morinda tinctoria | | Nhan |
| Oroxylum indicum | | Núc ác |
| Barringtonia pterocarpa | | Vừng |
| Shorea vulgaris | | Caai |
| | U. H. | |
| Psidium guyava | | [illegible] |
| Craterxylon polyanthum | | [illegible] |
| Craterxylon polyanthum var. pauulum | | [illegible] |
| Pterospermum diversifolium | | Lò m... |
| Cordia bantamensis | | Dừa... |
| Garcinia Loureyenii | | |
| Cassia Siamea | | M... |
| Acanthus Veitchii's | | [illegible] |
| Podocarpus Syane | | Cơ chi |
| Litchi chinensis | | N... |
| Citrus... | | Bu... |
| Nauclea angusta | | Bước... |
| Croton Joufra | | Ba... |
| Aglaia korthalsii | | Gội |
| Trewia nudiflora | | Bon... |
| Pinus merkusii | | Th... |
| Dillenia ovata | | S... |
| Dillenia elata | | S... |
| **Fokenia kawai Hayata** | U. R. | **Po mou** |
| Mallotus albus | | [illegible] |
| Engelhardtia chrysolepis | | [illegible] |
| Chisocheton globosus | | [illegible] |
| Randia exaltata | | [illegible] |
| Duabanga sonneratioides | | Gội |
| Aglaia gigantea | | [illegible] |
| Eugenia Resinosa | | [illegible] |
| Parameshelium spirei | | [illegible] |
| Calophyllum saigonensis | | [illegible] |
| Payena elliptica | | [illegible] |
| Bischofia javanica | | Glang ta |
| Bacaurea cauliflora | | [illegible] |
| Fokenia Kawai Hodgensii | | [illegible] |
| Duabanga sonneratioides | | Hồng su |
| Duabanga Sonneratioides | | Hồng su |
| Syncarpella orientalis | N. I. R. | Phay |

| Nom vernaculaire | Prononciation | Diamètre | Volume annuel exploité en M³ | Famille | Nom scientifique ou espèce botanique | Zone de végétation / Degré d'abondance | Nom commercial indochinois |
|---|---|---|---|---|---|---|---|
| Paaw vi | [illegible] | I | | Rubiacées | Anthocephalus indicus | | Ploy |
| Phéal pruh | [illegible] | K | | Légum. arb. | Afzelia | | Gu |
| Popuok | [illegible] | K | | Diptérocarpées | Shorea obtusa | | Cà o ac |
| Puseng | [illegible] | K | | Diptérocarpées | Anisoptera Cochinchinensis | | Vên vên |
| Phdook | [illegible] | S | | Diptérocarpées | Shorea hypeata | | Sên |
| Pnos | [illegible] | L | | Sapotacées | Schleichera trijuga | | Dầu tr rông |
| Phön sep | [illegible] | A | | Myrtacées | Eugenia mekongensis | | Trom |
| Phen | [illegible] | J | | Burséracées | Protium serratum | | Chum |
| Phi | [illegible] | [illegible] | | Euphorbiacées | Inocarpus sapida | | [illegible] da |
| Phkai po L | [illegible] | K | | Légum. cæs. | Afzelia | | Cà |
| Pusong | [illegible] | [illegible] | | Ternstroemiacées | Ternstroemia penangiana | | Sen [illegible] |
| Pusu | [illegible] | K | | Verbénacées | Vitex pubescens | | Bình Linh |
| Phu | [illegible] | L | | Moracées | Ficus religiosa | | Đa |
| Phoduz | [illegible] | L | | Bixacées | Dialium laterospata | | Trouz |
| Pu [illegible] | [illegible] | V | | Lauracées | Litsea sp. | | Sa [illegible] |
| Par hou | [illegible] | V | | Hamamélidées | Liquidambar formosana | | Như |
| Puon hot | [illegible] | [illegible] | | Euphorbiacées | Bischofia javanica | | Khe dên |
| Pu [illegible] | [illegible] | EI | | Oxalidacées | Averrhoa carambola | | Che |
| Phou | [illegible] | III | | Juglandées | Canarium luzonicum | | Việ |
| Phou | [illegible] | K | | Euphorbiacées | Mallotus cochinchinensis | | Sòi |
| Phou | [illegible] | A | | Mélastomacées | Vernonia edulis | | Cửu |
| Phou clinos | [illegible] | K | | Mélastomacées | Memecylon scutellatum | | Sửa |
| Phou chus | [illegible] | K | | Mélastomacées | Memecylon edule | | Trác |
| Phou [illegible] | [illegible] | K | | Myrtacées | Eugenia mekongensis | | Trouz |
| Phou m | [illegible] | K | | Araliacées | Heteropanax fragrans | | Trác |
| Po | [illegible] | L | | Euphorbiacées | Aleurites Fordii | | Lá |
| Po | [illegible] | I | | Malvacées | Hibiscus prostatus | | Gội |
| Pong sen | [illegible] | K | | Méliacées | Azolla cambodiana | | Por t [illegible] |
| Popun | [illegible] | K | | Sapindacées | Schleichera trijuga | | Sầu |
| Por linge | [illegible] | K | | Mélastomacées | Memecylon edule | | Nêu |
| Popu | [illegible] | K | | Diptérocarpées | Shorea resin ou Harmandii | | R [illegible] |
| Popul | [illegible] | K | | Verbénacées | Vitex pubescens | | Nêu |
| Popuma seu | [illegible] | K | | Diptérocarpées | Shorea Cochinchinensis | | Lang xang |
| Popho pros | [illegible] | K | | Sterculiacées | Pterospermum grewiaefolium | | Bàng lang |
| Popho pros | [illegible] | K | | Lythrariées | Lagerstroemia Loudoni | | Cò ke |
| Popleur | [illegible] | A | | Tiliacées | Grewia paniculata | | Cò ke |
| Poplen leum | [illegible] | K | | Tiliacées | Grewia paniculata | | Bình Linh |
| Popul neleau | [illegible] | K | | Verbénacées | Vitex pubescens | | Bưa Linh |
| Popul Timur | [illegible] | S | | Verbénacées | Vitex pubescens | | Bình linh |
| Popu | [illegible] | N | | Verbénacées | Vitex pubescens | | Giần gia |
| Poun seu | [illegible] | K | | Anacardiacées | Spondias lakonensis | | Vàng tâm đất |
| Prahul seu | [illegible] | K | | Loganiacées | Fagraea racemosa | | Chằm bầu |
| Prahau | [illegible] | K | | Combrétacées | Terminalia nigrescentiae | | Gao |
| Poophal | [illegible] | K | | Malvacées | Bombax Malabaricum | | Gao |
| Puseu | [illegible] | K | | Myrtacées | Eugenia tinctoria | | Tràm |

| Nom vernaculaire | Prononciation | Dialecte | Volume annuel exploité en M³ | Famille | Nom scientifique ou (l'auteur botanique) | Nom commercial / Degré de décadence | Zone de végétation indochinois |
|---|---|---|---|---|---|---|---|
| Pring ba? | Pring bar | K | | Myrtacées | Eugenia brachiata | | [illegible] |
| Pring chuth | Pring char | K | | Myrtacées | Eugenia ceylanica | | Trăm |
| Pring chrôlos | Pring chrôlos | K | | Myrtacées | Eugenia chatalos | | Trăo |
| Pring chhmu | Pring chmu | K | | Myrtacées | Eugenia longiflora | | Trai |
| Pring das ke mey | Pring das ke mey | K | | Myrtacées | Eugenia Jambolana | | Trăm |
| Pring fou | Pring fou | K | | Myrtacées | Eugenia ceylanica | | Trao |
| Pring phnom | Pring phnom | K | | Myrtacées | Eugenia longiflora | | Trao |
| Prong smbor ba? | Pring smbor ba? | K | | Myrtacées | Eugenia longiflora | | Trao |
| Pring thmar tres | Pring thmar thret | K | | Myrtacées | Eugenia tinctoria | | Trăr |
| Pring tmar | Pring thbal | L | | Myrtacées | Eugenia tinctoria | | Trao |
| [illegible] | Pring thmar | K | | Myrtacées | Eugenia tinctoria | | Trao |
| Pnou? | Pr dom | K | | Guttifères | Garcinia vilersiana | | Vang [illegible] |
| Pnou? | Pr me me | K | | Euphorbiacées | Excoecaria oppositifolia Boillaumi | | Băng cua |
| [illegible] | Pr me me | K | | Guttifères | Garcinia Schefferi / ferrea | | Bot |
| [illegible] | Pou | J | | Ternstrœmiacées | Citrus decumana | | Bou? |
| So? | Canelle | J | | Lythrariées | Lagerstroemia angustifolia | | Bang long |
| Pou? ...z | Canelle sauage | L | | Lythrariées | Lagerstroemia Stonea | | Bang long |
| Pou? ljn | Canelle krôm | J | | Combrétacées | Lagerstroemia flos-reginae | | Bang long |
| Pou? ... | Canelle sauve | L | | Combrétacées | Terminalia chebula | | Ghou [illegible] |
| Po? ... | Canelle annam | J | | Euphorbiacées | Cleidion Evrardianum | | Do? |
| Pa? ... | Pou pu util | J | | Euphorbiacées | Tritaxis Coudekroni | | Bôr? |
| **Q** | | | | | | | |
| **Quành qnạch** | [illegible] | A | | Légumineuses | Balanocarpus ? | | [illegible] |
| Quản ... | [illegible] | A | | Cupulifères | Chartocarpus castanocarpus | | [illegible] |
| **Quào** | [illegible] | A | 3000 | Bixacées | Buxevra Lezaussca | S. A. B. | Q... |
| **Quải** | [illegible] | A | | Rutacées | Citrus japonica | | Q... |
| Quải Lnong ... | [illegible] | A | | Rutacées | Clausena Wampi | | [illegible] |
| Qui? | [illegible] | III | | Lauracées | Cinnamomum parthenoxylon | | Bo? |
| Quina? | [illegible] | K | | Rosacées | Parinarium annamense | | Co? |
| Quao? | [illegible] | III | | Bixacées | Flacourtia catafracta | | [illegible] |
| Qu? | [illegible] | C | | Anacardiées | Mangifera Duperreana | | [illegible] |
| | | | | | Mangifera foetida | | |
| **Quit ...** | [illegible] | A | | Rutacées | Atalantia rostrata | | Qui? |
| Qui? ... | [illegible] | A | | Rutacées | Atalantia disticha | | Qui? |
| Qu? | [illegible] | III | | Lauracées | Cinnamomum parthenoxylon | | So? |
| **R** | | | | | | | |
| Nac | [illegible] | L | | Anacardiées | Melanorrhea usitata | | S... |
| Rah | [illegible] | A | | Euphorbiacées | Sapium sebiferum | | Nat |
| Re ... | [illegible] | III | | Légumineuses | Parkia streptocarpa | | Fini |

| Nom vernaculaire | Prononciation | Dialecte | Volume annuel exploité en M³ | Famille | Nom scientifique de l'espèce botanique | Zône de végétation degré d'autochtonie | Nom commercial indochinois |
|---|---|---|---|---|---|---|---|
| **Bă hirwag** | Zu huunga | A | | **Lauracées** | **Cinnamomum camphora** | N. I. B. | **Bă hirong** |
| **Răm** | Zum | C | 72 | Combrétacées | ANOGEISSUS RIVULARIS | S. I. B. | Ban |
| | | | | | ANOGEISSUS ACUMINATA | | |
| **Răng cưa** | Zeng cưa | A | | Ebénacées | EXCŒCARIA OPPOSITIFOLIA | | Răng cưa |
| | | | | | Cnemos Tomanta | | |
| **Răng ràng** (...) | Langue langue du | A | 500 | Légum. pap. | SPATHODEA ORIENTALIS | N. I. A | Răng aksu |
| Răng rang rok | Langue langue mâle | A | | Légum. pap. | SPATHODEA ORIENTALIS | | Răng ràng |
| Răng ràng Sang | Langue langue vangue | A | | Légum. pap. | SPATHODEA ORIENTALIS | | Răng ràng |
| Ktah | Kanh | L | | Euphorbiacées | Parachristus saligneus | | Sang ... |
| Ra con | Zu con | A | | Ulmacées | Holoptelea integrifolia | | Cha... |
| Rắc | Zaii | A | | Rubiacées | Morinda citrifolia | | Nhau |
| Hau ha... | Zona bauugue | A | | Myrtacées | Barringtonia acutangula | | Vava |
| **Rê** | Ze | A | 1800 | **Lauracées** | **Cinnamomum div.** | N. I. B. | **Rê** |
| Răng patek | Reang phu | K | | Combrétacées | Terminalia tomentosa | | Cá ghu |
| Rkass ... | Reangue pl'... | K | | Diptérocarpées | Pentaeme siamensis | | Căm liên |
| Rese (plom) | Reang plom | K | | Myrtacées | Careya Arborea | | Vừng |
| Relu | Relu | M. K | | Anonacées | Mangifera reba | | Muôn |
| Re buon | Ze buon | A | | Lauracées | Cinnamomum | | Re |
| Re da | Ze da | A | | Lauracées | Cinnamomum tetragonum | | Rê |
| Re hươung | Ze huung | A | | Lauracées | Cinnamomum parthenoxylon | | Rê |
| Re m... | Ze meule | A | | Lauracées | Cinnamomum | | Rê |
| Re m d ngra | Ze meule ngua | A | | Lauracées | | | Rê |
| Re mut | Ze mule | A | | Lauracées | Actinodaphne sp. | | Rê |
| Re va g | Ze vangue | A | | Lauracées | Machilus odoratissima | | Rê |
| Re canh | Ze vague | A | | Lauracées | | | Re |
| Re c da | Ze re da | A | | Euphorbiacées | Eriaenodius indochinensis | | ... |
| Ra vet | Zeu lou | A | | Thyméléacées | Rhamnoneuron Balansae | | Gió |
| Rez | Jambe... | A | | Myrtacées | Eugenia Jambosa | | Doi |
| **Rôi** | Jambe | A | 60 | Guttifères | Garcinia { Benthami / Thoreli / Schefferi } | | Rôi |
| | | | | | GARCINIA FERREA | | |
| Rôi mộ | Jambe menile | A | | Guttifères | Bombax alhidum | S. I. B. | Rol |
| Ro ka | Zo ka | K | | Malvacées | Adina sessilifolia | | Gáo |
| Rolêsi thom | Zolesi thom | K | | Rubiacées | Elaeocarpus madopetalus | | Gáo |
| Rou deng | Zendeng | K | | Tiliacées | Wickstroemia viminetoma | | Lêu côm |
| **Ro mộe** | Zm mor | A K | | Tarvilacées | Garcinia Hanburyi | | Roxộc |
| Rung | Zung | K | | Guttifères | Euphoria longana | | Vang nghệ |
| Rộp | Zopp | L | | Sapindacées | Hopea ferrea | | Nhân |
| Rorung | Zorrungue | K | | Diptérocarpées | Lagerstroemia angustifolia | | Sang dáo |
| R'pa | R'pa | K | | Lythrariées | Aleurites cordata Baillonii | | Bang lang |
| Ru | Ron | L | | Euphorbiacées | Dillenia pentagyna | | Trâu |
| Ruk | Ronque | KR | | Dilléniacées | | | Sỏ |

| Nom vernaculaire | Prononciation | Ø | Volume annuel exploité en M3 | Famille | Nom scientifique de l'espèce botanique | Zone de végétation Degré d'abondance | Nom commercial indochinois |
|---|---|---|---|---|---|---|---|
| **Ruồi** | Rhuồi | A | 7 | **Moracées** | **Strehlus Asper** | N. I. B. | **Ruồi** |
| Ru ồi | Rhùồi | A | | Guttifères | Calophyllum tonkinensis | | Long |
| **Ru ru** | Rhùồ rù | A | | Césalpinées | Pongamia cinensis | | Re ru |
| | | | | | | | |
| Sa | Sà | TH. | | Moracées | Broussonetia Papyrifera | | Giuong |
| Sà | Sầé | TH | | Myrtacées | Eugenia operculata | | Vôi |
| Sầu | Sầ | I. | | Liliacées | Berrya ammonilla | | Gia đả |
| Sấu | Sấu | I. | | Verbénacées | Tectona grandis | | Teck |
| Sơn | Sờn | TH | | Anacardiacées | Melanorrhea laccifera | | Sơn |
| Sa dầu | Sa dầu | A | | Méliacées | Azadiracta indica | | Xoan |
| Rử lầu | Sa đầy | A | | Méliacées | Dysoxylon Loureiri | | Huỳnh đường |
| Sầu | Sầu | I. | | Verbénacées | Tectona grandis | | Teck |
| Sa khi | Sa khi | U. L. | | Burséracées | Garuga pinnata | | Bồ cườm |
| Sa lau pa va | Sa lau pa va | I. | | Euphorbiacées | Mallotus albus | | Vàng |
| Sa đầu | Sa đầu | I | | Méliacées | Azadirata indica | | Xoan |
| **Sến** | Senna | A | 200 | Mélastomacées | Memecylon ca.z.g | N. I. B. | Sến |
| | | | | | Scutellata serrata | | |
| Sau lau a va va | Sa lau a va va | K | | Légum. arbre | Acacia Farnesiana | | Keo |
| Sau lau a va va | Sa lau a va va | N | | Légum. grim | Bursera glauca | | Ke ô |
| Sơn ... | Sa mộc | CH. | | Conifères | Cunninghamia sinensis | | Sa mộc |
| Sơn ... | Sa... | K | | Euphorbiacées | Aporosa Planchoniana | | ... dầu |
| Sầm | Sầm | A | | Mélastomacées | Memecylon edule | | Sầm |
| **Sa mau** | Sa mau | 15 | 15 | Guttins | Cinnamomum sexussa | I. B. | Sa mau |
| Sao | Sầm | K | | Diptérocarpées | Parashorea Stellata | | Trò |
| Sa... | Sa... | h | | Moracées | Garcinia sp. | | |
| Sơn ... | Sa... | h | | Araliacées | Tupidantus Calyptratus | | |
| Sơn | Sao | I | | Myrtacées | Eugenia resinosa | | Trâu |
| Sao | Sao | .. | | Légum. caes. | Cassia garrettiana | | Muồng |
| Sao | Hope | N | | Diptérocarpées | Hopea Thorelii | | Sao |
| **Sang** | Sang | N | 2,500 | Sterculiacées | Sterculia lanceolata | N. I. B. | Vàng |
| Sang ... | Sang ... | N | | Polygalacées | Xanthophyllum colubrinum | | Sang dà |
| **Sang dà** | Sang dà | N | | **Polygalacées** | **Xanthophyllum colubrinum** | | **Sang dà** |
| Song dà | Song dà | N | | Sapotacées | Dichopsis krantziana | | |
| Song đô | Song đô | A | | Homalinées | Homalium annamense | | Song |
| **Sang dào** | Sang dào | A | 1,700 | **Diptérocarpées** | **Hopea ferrea** | N. I. B. | **Sang dào** |
| **Sang dò** | Sang dò | A | | Euphorbiacées | Parastemon urophyllus | | Sâu re |
| **Sang ceu** | Sang ceu | A | 7 | **Ebénacées** | **Diospyros lucida** | N. I. B. | **Sang den** |
| **Sang ke** | Sang ke | A | | Combrétacées | Combretum quadrangulare | | Sang ke |
| Song le | Song le | T | | Lythariées | Lagerstroemia tomentosa | | Bang lang |
| Sang le | Sang le | N | | Sapindacées | | | |
| Sang hin | Sang hin | G | | Euphorbiacées | Exocoecaria oppositifolia | | Rang cuu |
| **Sang mu** | Sang mu | A | 200 | **Rhizophoracées** | **Corallia lucida** | N. I. B. | **Sang mu** |
| Song me | Song me | | | Anonacées | Mitrasa Baillioni | | Song moi |

| Nom vernaculaire | Prononciation | Dialecte | Volume annuel exploité en M³ | Famille | Nom scientifique ou l'espèce botanique | Zône de végétation Degré d'abondance | Nom commercial indochinois |
|---|---|---|---|---|---|---|---|
| Sang mat | Sangue maliz | A | | Anonacées | Sageraea elliptica | A. B. | Song moï |
| Sang mac | Sangue tcvon | C | | Myristicacées | Knema corticosa | | Máx chá |
| **Sang màu (hang** | Sangue maun laungue | C | | Myristicacées | Horsfieldia irya | | Sáng mãc |
| Sàng nông | Sangue mangue | A | | Méliacées | Chukrasia tabularis | | Lát |
| Sang sa | Sangue sar | A | | Bignoniacées | Oroxylum indicum | | Núc nác |
| Sang so | Sangue so | A | | Sterculiacées | Sterculia lanceolata | | Sảng |
| Sang sé | Sangue sé | A | | Euphorbiacées | Antidesma japonicum | | Chua moï |
| **Sang trăng** | Sangue trangue | A | | Anonacées | Uvaria | | San. trăng |
| Sang trang | Sangue trangue | A | | Euphorbiacées | Drypetes Poilanei | | |
| Sang tra... | Sangue trangue | A | | Tiliacées | Elaeocarpus tomentosus | | Son cho |
| **Sang vu** | Sangue vou | A | | Xanthophyllacées | XANTHOPHYLLUM GLAUCUM | | Sáng vu |
| Sân thuyê | Sone thuyen | A | | Myrtacées | Eugenia retinosa | | Trao |
| San trork | Santrae | K | | Rutacées | Clausena excavata | | Dống u |
| Sao | Senp | L | | Méliacées | Sandoricum indicum | | Sầu đâu |
| Sao | Saou | A | | Lythariées | Lagerstroemia macrocarpa | | Rang long |
| **Sao** | Sao | A | 25.000 | **Diptérocarpées** | **Hopea odorata et div** | S. I. A. | **Sao** |
| Sao sã mat | Sao lai mat | A | | Diptérocarpées | Hopea recopei | | Sao |
| Sao cát | Sapu catte | A | | Diptérocarpées | Hopea recopei | | Sao |
| Sao đen | Sao đen | A | | Diptérocarpées | Hopea odorata | | Sao |
| Sao xanh | Sao xepte | A | | Diptérocarpées | Hopea dealbata | | Sao |
| So lang | Sare Mirpa | K | | Euphorbiacées | Macaranga denticulata | | Rap lap |
| So sun | Su sune | TH | | Légum. caes. | Cassia Javanica | | Mu bồ |
| Sắt | Satte | L. | | Diptérocarpées | Dipterocarpus (toutes variétés) | | Dau |
| Sau | Sang | C | | Méliacées | Sandoricum indicum | | Sau liu |
| Say | Sang | C | | Méliacées | Melia Dubia | | Xoan |
| **Sâu** | Satue | L. B | 5.000 | Hamamélidées | LIQUIDAMBAR TONKINENSIS | N. I. R. | Sâu |
| Sáu | Saon | A | | Anacardiacées | Dracontomelum mangiferum | N. I. B. | Sâu chua |
| Sân | Sange | A | | Euphorbiacées | Aporosa tetradeura | | Giao dã |
| **Sâu chua** | Sang tuad | A | 700 | Anacardiacées | DRACONTOMELUM MANGIFERUM | N. I. B | Sâu chua |
| Sầu đât | Vsau daut | C | 5.000 | Méliacées | Melia azedarach | | Xoan |
| **Sầu đâu** | Sau đâu | A | | **Méliacées** | **Sandoricum indicum** | S. I. B. | **Sầu đâu** |
| Sân dau | Saun đưng | A | | Hamamélidées | Liquidambar orientalis | | Sâu |
| Sâu đỏ | sang đa | A | | Méliacées | Sandoricum indicum | | Sầu đâu |
| Sân dòng | Soun đưc | T | | Hamamélidées | Liquidambar Formosana | | Sâu |
| Sân sân | Sơai sơng | T | | Hamamélidées | Liquidambar Formosana | | Sâu |
| Sầu tra | Saun tra | A | | Méliacées | Sandoricum indicum | | Sầu đâu |
| Sâu tla | Saun tra | A | | Hamamélidées | Liquidambar orientalis | | Sâu |
| Sarac | Shenque | K | | Légum. caes. | Caesalpinia Timoriensis | | Vang anaoia |
| Schrac | Schann | K | | Diptérocarpées | Dipterocarpus Averi | | Dau |
| Sdau phnou | Sdau phnou | K | | Méliacées | Aglaia Baillonii | | Gội |
| Sdey | sdey | K | | Légum. caes. | Cratib chrysantha | | Ninh |
| | | | | Anacardiacées | Mangifera foetida | | Muôm |
| **Nến** | Néne | T | 3.000 | **Sapotacées** | **Bassia Pasquieri** / Basilipa Pasquieri | N. I. R. | **Nến** |

| Nom vernaculaire | [transcription] | Diamètre | Volume annuel exploité en M³ | Famille | Nom scientifique de l'espèce botanique | Zone de végétation / Degré d'abondance | Nom commercial indochinois |
|---|---|---|---|---|---|---|---|
| Sến | [illegible] | C | | Diptérocarpées | Shorea Cochinchinensis | | Sến |
| Sến | [illegible] | A | | Rutacées | Clausena Wampi | | Gingbi |
| Sến | [illegible] | A | | Euphorbiacées | Gelonium multiflorum | | Mân pay |
| Sến | [illegible] | A | | Rosacées | Raphiolepis indica | | [illegible] giôl |
| Sến cát | [illegible] | L | | Diptérocarpées | Shorea cochinchinensis | | Sến |
| Sến cần chò | [illegible] | C | | Diptérocarpées | Shorea Thorelii | | [illegible] |
| Sến dao | [illegible] | A | | Rosacées | Photinia glabra | | Buah đần |
| [illegible] | [illegible] | | | | Rhaphiolepis indica | | |
| Sến dứa | [illegible] | T | | Sapotacées | Eerlipa minusops sp | | Sến |
| Sến mụ | [illegible] | C | | Diptérocarpées | Shorea Harmandii | | Sến |
| Sến [illegible] | [illegible] | A | | Rhizophoracées | Carapa { Cochinchinensis / lucida } | | Sến giôl |
| Sến [illegible] | [illegible] | A | | Diptérocarpées | Shorea | | Sến |
| Sến [illegible] | [illegible] | C | | Diptérocarpées | Sinilia { Hajuera / Henryana } | | Sến |
| Sến [illegible] | [illegible] | R.L. | | Légumineuses | Cassia glauca | | Muồng |
| Sến la | [illegible] | A | | Rutacées | Zanthoxylum Avicennae | | Muồng |
| Sến [illegible] | [illegible] | T | | Sapotacées | Bassipes Dubardii | | Sến |
| Sến [illegible] | [illegible] | L | | Diptérocarpées | Shorea sp | | Sến |
| Sến [illegible] | [illegible] | C | | Diptérocarpées | Hopea Recopei | | Sến |
| Sến [illegible] | [illegible] | L | | Diptérocarpées | Shorea | | Sến |
| Sến [illegible] | [illegible] | A | | Rosacées | Photinia Benthamiana | | [illegible] |
| Sến [illegible] | [illegible] | T | | Sapotacées | Isoilipa sp | | Nến |
| Sến kô trang | [illegible] | C | | Diptérocarpées | Shorea Harmandi | | Sến |
| Sến vàng | [illegible] | C | | Diptérocarpées | Shorea Cochinchinensis | N.L.R. | Sến |
| Néu | Neu | I | 800 | Ulmacées | Celtis australis | | Sến |
| Soap | Soun | L | | Dilléniacées | Dillenia indica | | Sa |
| Si | [illegible] | I | | Moracées | Ficus | | Gnài |
| Si | [illegible] | L | | Diptérocarpées | Shorea vulgaris | | [illegible] |
| Si mô pít [illegible] | [illegible] | A | | Bixacées | Bixa orellana | | Nser |
| Sầu | [illegible] | FH | | Méliacées | Melia azedarach | | Xâu |
| Sim | [illegible] | A | | Myrtacées | Rhodomyrtus tomentosa | | Xên |
| Sô [illegible] | [illegible] | I | | Diptérocarpées | Shorea Harmandii | | Xô [illegible] |
| Sô tô | [illegible] | n | | Euphorbiacées | Mallotus Pollanei | | Sô tô |
| Slư bong | [illegible] | A | | Euphorbiacées | Mallotus albus | | [illegible] |
| Slư lay | [illegible] | k | | Euphorbiacées | Cudrafnea rotundata | | Top sup |
| Slè [illegible] | [illegible] | k | | Euphorbiacées | Macaranga denticulata | | [illegible] |
| Slư sup | [illegible] | k | | Euphorbiacées | Cudrafnea rotundata | | Cu chi |
| Smao | [illegible] | k | | Loganiacées | Strychnos nux vomica | | Trao |
| Smach | [illegible] | k | | Myrtacées | Melaleuca leucadendron | | Tram |
| Smach trang | [illegible] | k | | Myrtacées | Melaleuca Cajeputi | | Tram |
| Smach chanlos | [illegible] | k | | Myrtacées | Melaleuca leucadendron | | Tram |
| Smach dam | [illegible] | k | | — | Melaleuca leucadendron | | Tram |
| Smao krabey | [illegible] | k | | Myristicacées | Knema corticosa | | [illegible] |

| Nom vernaculaire | Prononciation | Dialecte | Volume annuel exploité en M3 | Famille |
|---|---|---|---|---|
| Sme | sme | K | | Myrtacées |
| Smé | smé | K | | Rhizophoracées |
| Smoul | smoule | K | | Légum. pap. |
| Sô | Sô | A | | Diptérocarpées |
| Sô | Sôm | A | | Ternstrœmiacées |
| Sồi ky dô | soille ky dô | K | | Anacardiacées |
| Sô hà | sô hà | A | | Dilléniacées |
| Sô ba nu | sô ba nu | A | | Dilléniacées |
| Sô hung | sô bunu | K | | Méliacées |
| Sô nôi | sô la nonille | A | | Dilléniacées |
| Sô | Sô | A | | Euphorbiacées |
| Sô | Sôe | A | | Légum. mim. |
| Sô dau | Sô dau | A | | Méliacées |
| Sô dô | Sô dô | A | | Dilléniacées |
| Sô dô | Sô dô | A | | Bignoniacées |
| Sôi | Saville | A | | Euphorbiacées |
| Sôi | soille | A | | Euphorbiacées |
| Sồi | soille | A | 3500 | Fagacées |
| Sồi bàu | soille brique | A | | Euphorbiacées |
| Sồi hung | soille bungu | A | | Euphorbiacées |
| Sồi dip | soille buppe | A | | Fagacées |
| Sồi dô | soille du | A | | Fagacées |
| Sồi ji | soille ji | A | | — |
| Sồi pháng | soille parque | A | | — |
| Sồi ta | soille ta | A | | Euphorbiacées |
| Sồi tháng | soille tumpur | A | | Fagacées |
| Sồi | soupe | K | | Scrofulariacées |
| Sồi tchi | vi Lhu | L | | Ternstrœmiacées |
| Soichjol | sor peye | m. | | Anacardées |
| Suksas | Sy ktsase | A | | Légum. mim. |
| Sukrom | So coum | K | | Sapotacées |
| Sok lau | Sồe toille | neul. | | Annonacées |
| Som | Sôme | TH | | Juglandées |
| Som lu | Somme lu | A | | Myrtacées |
| Som rong | Some zongue | K | | Sterculiacées |
| Som rong svva | Some pangue sva | K | | Sterculiacées |
| Son | Sonne | A | | Anacardiacées |
| **Son** | Sonne | A | | **Anacardiacées** |
| **Sơn chà (dại)** | Sonne tchu zoille | A | 200 | Tiliacées |
| **Son đào** | Sonne dao | A | | Ternstrœmiacées |
| Sô nou long | So nou loque | m | | Sterculiacées |



| Nom scientifique de l'espèce botanique | Zone de végétation Degré d'abondance | Nom commercial indochinois |
|---|---|---|
| Eugenia Zeylanica | | Trâm |
| Ceriops Roxburghiana | | Dà |
| Dalbergia Saigonensis | | Cẩm lai |
| DILLENIA AUREA | I. R. | Sổ |
| Théa assamica | | Xì |
| Sevinlenia Pierrei | | Xaô |
| Dillenia pentagyna | | Sô |
| — — Bailloni | | Sô |
| — — elata | | Sô |
| Toona febrifuga | | Xoan nôe |
| Dillenia elata | | Sô |
| Glochidion Zeylanicum | | tch' |
| Xylia dolatriformis | | Căm xe |
| Aglaia Baillonii | | tsé |
| Dillenia aurea | | Sô |
| Markhamia Pierrei | | Đinh |
| Sapium baccatum sebiferum | | Xô |
| Stillingia sebifera | | Xôi |
| Quercus resinifera / Pasania recurvata | N. I. A. | **Sồi** |
| Sapium discolor | | Xô |
| Sapium interdifolium | | Xô |
| Pasania llsa | | Sồi |
| Quercus | | Sồi |
| Pasania fenestrata | | Sồi |
| Quercus resinifera | | Sồi |
| Sapium cochinchinensis | | Xô |
| Quercus | | Sồi |
| Pautownia meridionalis | | |
| Anneslea fragrans | | Luông xương |
| Miliusa Bailloni | | Song min |
| Xylia dolabuliformis | | Căm xe |
| Pavetta elliptica | | Vật |
| Miliusa Bailloni | | Song tàu |
| Pterocarya Stenoptera | | Cơi |
| Barringtonia longipes | | Cây loug |
| Sterculia lychnophora | | Lười |
| Sterculia populifolia | | Ba tiêu |
| Rhus succedanea | | Sơn |
| **Mélanorrhea laccifera** | S. I. R. | **Sơn** |
| Elaeocarpus tomentosus | | Sơn cái |
| Elaeocarpus Stapfianus | | |
| TERNSTROEMIA PENANGIANA | | **Son đào** |
| Pterospermum diversifolium | | Lòng mang |

| Nom vernaculaire | Prononciation | Dialecte | Volume annuel exploité en M³ | Famille | Nom scientifique de l'espèce botanique | Zone de végétation / Degré d'abondance | Nom commercial indochinois |
|---|---|---|---|---|---|---|---|
| Song | Songgn | C | | Homaliacées | Homalium fagifolium | | Soxa |
| Song | Songp | L | | Rubiacées | Wendlandia paniculata | | Mua'ta |
| Song moi | Songta mouille | C | | Anonacées | Miliusa Balansae | | Soài moi |
| Song ron | Songta xampa | C | | Légum. mim. | Albizzia myriophylla | | Soài sên |
| Song rong | Songta proper | C | | Légum. mim. | Albizzia Vedeana | | Soài rôn |
| Su Filu | Su qlin | A | | Dilléniacées | Dilenia Blanchardii | | Sú |
| Son ta | Sotute ta | A | | Rosacées | Raphiolepis indica | | Danh giêt |
| Son vé | Sóme rvs | A | | Géraniées | Garcinia multiflora | | Su vé |
| Son xa | Sotte xe | A | | Sauruvées | Dysoxila Roxburghii | | Sơn xa |
| Sor lan | Sor lene | K | | Euphorbiacées | Macaranga denticulata | | Bap sap |
| Jo su | jusu | H | | Jussiaiées | Lafficort [illegible] chinensis | | Bể xu |
| Sô repa | So repa | K | | Lythrariées | Lagerstroemia floribunda | | Bằng lăng |
| Sotbou | So Geum | K | | Myrtacées | Eugenia claudus | | Trôr |
| Sô tea | So Iculh | A | | Dilléniacées | Dillenia ovata | | So |
| Sô trong | So longue | A | | Euphorbiacées | Bischofia javanica | | Nhu |
| Sra es beum | Sre es belum | K | | Lythrariées | Lagerstroemia Loudoni | | Bằng lăng |
| Srakom | Srakom | K | | Rhizophoracées | Rhizophora mucronata | | Dang |
| Sroks ou | Sre collie | K | | Sapotacées | Payena alpinea | | Việt |
| Srakom kach | Sre come sug | K | | Tiliacées | Elaeocarpus lactiflosus | | Le [illegible] |
| Srakom sach | Sra come sig | K | | Célastracées | Kurrimia robusta | | Bic |
| Soku | Scolle | K | | Conifères | Pinus Merkusii | | Thôg |
| Sor'su | Sososue | K | | Lythracées | Lagerstroemia angustifolia | | Bằng lăng |
| Srelau | Srelau | K | | Lythrariées | Thorelii<br>Loudoni<br>angustifolia | | Bằng lăng<br>Chu ru lau |
| Srumor | Srumor | K | | Combrétacées | Terminalia Chebula | | Hương [illegible] |
| Srou | Srou | K | | Légum. caes. | Peltophorum dasyrachis | | Tram |
| Sra ngam | Sra nommne | k | | Myrtacées | Tristania burmanica | | Xam |
| Srauz nao | Srong teane | k | | Myrtacées | Rhodomyrtus tomentosa | | Hương [illegible] |
| Srol | Srol | k | | Conifères | Dercidium elatum | | Bích |
| Srol kraau | Srol keduau | k | | Conifères | Podocarpus cupressina | | Sơn |
| Stou | Stou | K | | Homaliacées | Homalium griffithianum | | S |
| Sú | Som | F | | Magnoliacées | Magnolia champaca | | Xú |
| Sú | Som | T | 100 | Myrsinacées | Aegiceras Majus | N. I. R. | Dâng đách |
| Sú | Sou | G | | Méliacées | Carapa obovata | | Nứa |
| Sira | Sou | A | | Légum. mim. | Albizzia Lebbekoïdes | S. I. R. | Sồn |
| Nữa | Sou | A | 200 | Anacardiées | Aprioxta Sumatis | S. I. R. | Tram tiêu |
| Suat | Soualle | J | | Simaroubacées | Ailanthus malabarica | | Pơ |
| Suok | Souok | J | | Légum. caes. | Pahudia Cochinchinensis | | Sộ |
| Sui | Soualle | A | 500 | Moracées | Antiaris toxicaria | N. I. R. | Chưo |
| Sui dong | Soualle cinque | Ma | | Juglandacées | Engelhardtia chrysolepis | | La ngon |
| Suin | Souna | A | | Euphorbiacées | Mallotus barbatus | | Cáïén liên |
| Sui mao tchou | Sui mao tchiou | L | | Combrétacées | Terminalia chebula var. citrina | | [illegible] |
| Sum dô | Soum do | A | 180 | Ternstroemiacées | Eurya japonica | N. I. R. | Sến |

| Nom vernaculaire | Prononciation | Dialecte | Volume annuel exploité en M3 | Famille | Nom scientifique de l'espèce botanique | Zône de végétation Degré d'abondance | Nom commercial indochinois |
|---|---|---|---|---|---|---|---|
| Sú mu | Su mu | M? | | Combrétacées | Terminalia chebula var. citrina | | Chiêu liêu |
| Sú vang | Sou jaune | A | | Magnoliacées | Magnolia champaca | | Sú |
| **Sung** | Soungue | A | 4.300 | Moracées | Ficus sp. | N. I. B. | Sung |
| Sung ta | Soungue ta | A | | — | Ficus sp. | | Sung |
| Sung trâng | Soungue laingue | A | | — | Ficus sp. | | Sung |
| Sung vé | Soungue vé | A | | — | Ficus sp. | | Sung |
| Sua penxou | Souue jeunou | Ch | | Conifères | Podocarpus cupressinia | T. B. | Nam penou |
| Suôi | Souuille | A | | Moracées | Antiaris toxicaria | | Sui |
| Suông tiên | Soungue tiène | A | | Anacardiacées | Melanorrhea laccifera | | Sơn |
| Sú ta | Sou ta | A | | Magnoliacées | Magnolia champaca | | Sú |
| **Sú tây** | Sou taile | A | | Anonacées | CANANGIUM ODORATUM | | Sú tây |
| Svay | Sevaile | K | | Anacardiacées | Swintonia Pierrei | | Muou |
| **T** | | | | | | | |
| Ta | Ta | A | | Rubiacées | Diplospora singularis | | Dâ |
| Ta ieng | Ta bingue | L | | Diptérocarpées | Dipterocarpus Bailloni | | Dâu |
| **Ta hai** | Ta imile | L | | Bixacées | BANDA densiata | | Cà hai |
| **Ta hu chim** | Ta hu chim | L | | Légumineuses | Tamarindus CHAMINCHINASIS | | Tamarin |
| Ta euxadlui | Taille chaue chaue | A | | Araliacées | Scheffleria octophylla | | Ta hai |
| Tai ney | Taille baille | A | | Rubiacées | Randia densiflora | | Ta ngê |
| **Tai nghé** | Taille nghe | A | | Bixacées | Hydnocarpus anthelmintica | | Thân xia |
| Tai ngaé | — | | | Anonacées | Cananga latifolia | | |
| Tai ta n | Taille tou cur | A | | Légum. ours. | BAUHINIA MALABARICA | | lai rupas |
| **Tai tuong** | | | | | | | Bup bup |
| Tai tuong nhau | Taille tuuique nhaue | A | | Euphorbiacées | Macaranga denticulata | | Chàm |
| Talot | Ta lotte | K | | Burséracées | Canarium album | | Cau xong |
| Taxi xan | Tame laue | A | | Myrtacées | Barringtonia longipes | | Duoc duoux |
| Tam né' | Tame nolte | A | | Euphorbiacées | Phyllantus distieus | | Tràu |
| Tam tion | Tame tion | A | | Myrtacées | Eugenia Tanerion | | Dany |
| Tân | Tâue | L | | Araliacées | Scheffera octophylla | | Fang |
| Tang | Toigue | L | | Araliacées | Heteropana fragrans | | Bò kêt |
| Tân kêt | Tâue kette | A | | Légum. cues. | Gleditschia australis | | Khe |
| Tân met | Tâue malte | A | | Bignoniacées | Stereospermum cholonioides | | Chièu liêu |
| Ta nor | Ta tours | R | | Combrétacées | Terminalia Cambodiana | | Bang lang |
| Ta nor | Ta tour | K | | Lythrariées | Lagerstroemia Londoni | | Giô |
| Tau | Toun | | | Fagacées | Quercus lanuginosa | | Táo |
| **Tâo** | Tou | A | 100 | Rhamnacées | Zizuphus jujuba | N. I. B. | Chièu liêu |
| Taour | Taour | K | | Combrétacées | Terminalia Chebula | | Gáo |
| Tap tao | Tappe taue | L | | Rubiacées | Adina sessilifolia | | Nghiên |
| Tassiét | Tassiette | K | | Tiliacées | Pentace burmanica | | Trai ly |
| Taieu | Ta ieu | C | | Guttifères | Garcinia fagraeoides | | Trai |
| Tatrau | Tetrau | K | | Loganiacées | Fagraea fragrans | | Bup bup |
| Tau | Toua | L | | Euphorbiacées | Macaranga denticulata | | |

| Nom vernaculaire | Prononciation | Dialecte | Volume annuel exploité en M³ | Famille | Nom scientifique de l'espèce botanique | Degré d'abondance / Zone de végétation | Nom commercial indochinois |
|---|---|---|---|---|---|---|---|
| **Tàu** | [illegible] | A | [illegible] | Diptérocarpées | Vatica tonkinensis | N. L. R. | **Tàu** |
| [illegible] | [illegible] | Tr | | Moracées | Ficus religiosa | | Da |
| Tàu mat | [illegible] | A | | Diptérocarpées | Vatica Tonkinensis synaptea | | Tàu |
| [illegible] | [illegible] | [illegible] | | Diptérocarpées | Vatica Tonkinensis | | Tàu |
| Tàu vang | [illegible] | [illegible] | | Lythrariées | Lagerstroemia glabra | | Dang lang |
| [illegible] | [illegible] | t | | Rubiacées | Randia densiflora | | Pa hai |
| [illegible] | [illegible] | M | | Rutacées | Zanthoxylum Betsa | | Mac tau |
| Tô | t. | I | | Légumin. [oses] | Sindora Cochinchinensis | | Go |
| Trai [illegible] | [illegible] | Ki | | Diptérocarpées | Dipterocarpus toutes variétés | S. L. A. | Dzu |
| Trai [illegible] | [illegible] | K | | Diptérocarpées | Dipterocarpus | | Dau |
| Trai [illegible] | [illegible] | K | | Diptérocarpées | Dipterocarpus | | Dau |
| Trai [illegible] | [illegible] | K | | Diptérocarpées | Dipterocarpus | | Dau |
| Trai [illegible] | [illegible] | I | | Diptérocarpées | Dipterocarpus | | Dau |
| Trai tai | Tri tai | K | | Diptérocarpées | Dipterocarpus | | Dau |
| **Teck** | [illegible] | A | | Verbénacées | Tectona grandis | B. L. A. | **Teck** |
| Tra | Trao | L | | Anonacées | Polyalthia jucunda | | Dau tia |
| Tra | Tette | Kl. | | [illegible]acées | Duabanga sonneratioides | | Song vu |
| **Thạch lựu** | [illegible] | [illegible] | | Xanthophyllacées | Xanthophyllum excelsum | | Ngua |
| [illegible] | [illegible] | [illegible] | | Euphorbiacées | Aporosa microcalyx | | Giàng [illegible] |
| [illegible] | [illegible] | [illegible] | | Myrtacées | Barkea fraterna | | Thái [illegible] |
| [illegible] | [illegible] | [illegible] | | Rubiacées | Adina sessilifolia | | Cao |
| **Thanh mai** | [illegible] | [illegible] | | Myrsinées | Mesua [illegible] | | Tram voi |
| [illegible] | [illegible] | [illegible] | | Hypéricacées | Cratoxylon polyanthum | | Lanh nganh |
| **Thành thất** | [illegible] | [illegible] | | Simaroubacées | Anaxis [illegible] | | Tau [illegible] |
| [illegible] | [illegible] | [illegible] | | Euphorbiacées | Excoecaria oppositifolia | | Rong nua |
| **Thâu mật** | [illegible] | [illegible] | | Liane, v. esp. | Micania [illegible] | | cây [illegible] |
| [illegible] | [illegible] | [illegible] | | Rutacées | | | |
| [illegible] | [illegible] | I | | Hamamélidées | Liquidambar Tonkinense formosana | | Sau |
| [illegible] | [illegible] | [illegible] | | Euphorbiacées | Aleurites Fordii | | Trau |
| [illegible] | [illegible] | A | | Hamamélidées | Liquidambar | | Sau |
| **Thừng** | [illegible] | K | | Diptérocarpées | Dipterocarpus obtusifolium | | Dau |
| **Thi** | [illegible] | A | 100 | Ebénacées | **Diospyros Rubra** | N. L. R. | **Thi** |
| [illegible] | [illegible] | A | | Légumineuses pap. | Erythrina indica | | Vong |
| [illegible] | [illegible] | A | | Samydacées | Casearia membranacea | | Van mui |
| Thi den | [illegible] | [illegible] | | Ebénacées | Diospyros nitidula | | Thi |
| [illegible] | [illegible] | A | | Ebénacées | Diospyros nitidula | | Thi |
| **Thiều** | [illegible] | A | 210 | Bignoniacées | Markhamia stipulata | | Dinh |
| [illegible] | [illegible] | K | | [illegible]acées | Nauclea Bassaensa | A. L. R. | Tadr |
| **Thlok** | [illegible] | K | | Malvacées | Bombax malobaricum | | Gao |
| Thuar | [illegible] | K | | Rosacées | Parinarium annamense | | Cam |
| Thuar | [illegible] | K | | Laurinées | Euxyderoxylon sp. | | Da da |
| Thuong tray | [illegible] | K | | Méliacées | Walsura elata | | Gia trong |
| [illegible] | [illegible] | K | | Euphorbiacées | Bridelia pedicellata | | Quinh dong |

| Nom vernaculaire | Prononciation | Dialecte | Volume annuel exploité en M3 | Famille | Nom scientifique de l'espèce botanique | Zone de végétation Forêt et de reine | Nom commercial indochinois |
|---|---|---|---|---|---|---|---|
| Thông | Thông... | K | | Guttifères | Garcinia oliveri | | Bứa |
| Thầy xanh | [illegible] | K | | Légumineuses arcs. | Cassia garrettiana | | Muồng |
| **Thuồng** | Thuồngue | K | | Légumineuses pap. | Pterocarpus pedatus | | Dáng hương |
| | | | | | — cambodianus | | |
| Thương | [illegible] | K | | Anonacées | Sageraea elliptica | | Sồng mồi |
| **Táo** | Táo | A | 500 | **Verbénacées** | **Gmelina arborea** | N. T. R. | **Thọ** |
| Thư lực | [illegible] | M | | Anacardiacées | Mangifera indica | | Muỗm |
| **Thổ dĩa** | Thổ dĩa | A | | Légumineuses M | PARINIZODOBUM CLYPEARIA | | Thổ dĩa |
| | | | | Légumineuses pap. | Erythrina monosperma | | |
| **Thái** | Thái | A | Ann. | **Cornacées** | **Marlea begoniafolia** | N. T. R. | **Thái** |
| Thái lộc | Thái lộc | A | | Cornacées | Mangium chirense | | Thái |
| Thái thanh | [illegible] | A | | Cornacées | Marlea begoniafolia | | Thái |
| Thái chanh | [illegible] | A | | Oléacées | Fraxinus retusa | | Tử thái... |
| Tua | Tua | L | | Verbénacées | Vitex pubescens | | Bịch linh |
| **Thơm rui** | Thơm rui | A | | Anonacées | Cananga latifolia | | Tửa sơ |
| Tưa | Tưa | I | | Légumineuses arcs. | Peltophorum ferrugineum | | **Lim sét** |
| | | | | Verbénacées | Vitex pubescens | | Bịch linh |
| **Thông** | Thông | A | 5.000 | **Conifères** | **Pinus Merkusii** | L. A. | **Thông** |
| Thông... | Thông... | A | | Conifères | Pinus massoniana | | Thông |
| Thông... Zipp | Thông... Zipp | A | | Conifères | Cupressus funebris | | Bách |
| Thông chua | Thông chua | A | | Conifères | Cupressus funebris | | Thông |
| Thư gì đó | Thư... đào | B. I | | Rubiacées | Stephegyne diversifolia | | Cà đom |
| | | | | | Paradina lucida | | |
| Thông lan | Thông lan | A | | Loganées | Cunninghamia sinensis | | Sa mou |
| Thông anh | Thông anh | A | | Apocynacées | Wrightia annamensis | | Lòng mức |
| Thông... | Thông... | A | | Conifères | Pinus cupressina | | Thông |
| | — Kawai | | | | | | |
| Thông tre | Thông tre | A | | Conifères | Podocarpus cupressina | | Tùng |
| Thoa két | Toa kéte | A | | Méliacées | Chukrasia sp | | Lát |
| **Thụt** | Oseille | A | | Légumineuses M. | PARKIA DONGNAIENSIS | | Tùng |
| **Thụt du hoàng** | Oseille du bois | | | Araliacées | TREVESIA PALMATA | | Tửa sơ đẳng |
| **Thung** | Thunge | A | | Sterculiacées | COMMERSONIA ECHINATA | | Tửa... |
| **Thưng lực** | Thưnge lực | A | | Rubiacées | RANDIA PYGNANTHA | | Tửa... |
| Thưng anh | Thưnge anh | A | | Apocynacées | **Wrightia Balsusac** | | Lòng sừa |
| **Thuối** | Thuối | A | | Hamamelacées | RUCOMORA CHAMPIONI | | Tuệ |
| Ta meng | Ta meng | K | | Rhizophoracées | Camellia lucida | | Sang ma |
| Tiax | Tiax | B. L | | Légumineuses pap. | Butea frondosa | | Bảng Rảng |
| Tim bar | Tim lam | A | | Combrétacées | Combretum quadrangulare | | Săng kê |
| Tia lang | Tiae lange | A | | Myrtacées | Barringtonia racemosa | | Vùng |
| Tiêu | Tiêu | A | | Combrétacées | Terminalia chebula | | Chiêu liêu |
| Tin pôt | Tin pôte | Th. | | Acéracées | Acer Campbelli | | Chân vịt |
| Thuo | Thuo | A | | Sterculiacées | Sterculia hypochra | | **Trôm** |
| Tmo | Tmo | Kh. | | Méliacées | Walsura elata | | Gia trăng |
| Tu | Tu | m. | | Rubiacées | Randia uliginosa | | |

| Nom vernaculaire | Pronunciation | Dialecte | Volume annuel exploité en M³ | Famille | Nom scientifique de l'espèce botanique | Zone de végétation l'aire d'abondance | Nom commercial indochinois |
|---|---|---|---|---|---|---|---|
| Tô hap huong | Ta hoppe huongue | A | | Hamamélidées | Altingia excelsa | | Tô hop |
| **Tô hợp** | Tô hoppe | A | | Hamamélidées | ALTINGIA EXCELSA | | Tô vey |
| Tôm | Tôme | L | | Euphorbiacées | **Bridelia multiflora** | | Crăch đăng |
| Tou | Tône | L | | Légumineuses pap. | Peltophorum ferrugineum | | Lau Xes |
| To lau | To lane | L | | Loganiacées | Erythrina lithosperma | | Nang |
| Tong si | Tông sa | L | | Loganiacées | Strychnos nux vomica | | U... |
| Tong mrc | Tongue morpre | A | | Apocynacées | Wrightia annamensis | | Long mit |
| Tong ya | Tongue sao | CH. | | Euphorbiacées | Memecylon Yordii | | Trôm |
| Touch | Tsoch | m | | Myrtacées | Rhodomyrtus tomentosa | | Xom |
| Too lom phen | Toa lame prens | m | | Lythariées | Sonneratia acida | | Ram |
| Toure prey | Toure prey | K | | Légumineuses caes. | Peltophorum ferrugineum | | Cao Xa |
| Tra... | ... | f | | Rutacées | Aegle marmelos | | Hau sao |
| Toum | Toum | TH | | Dilléniacées | Dillenia Bailloni | | So |
| **Trà** | Tia | A | | Strychnées | Kteurnovia hositra | | Trà |
| Trabek entreani | Trabek entreani | A | | Lythracées | Lagerstroemia hirsuta / crispata / reginae | | Hau a lu |
| Trabek srolau | Trabek srolau | N | | Lythracées | Lagerstroemia floribunda | | Bang lang |
| Trabek prey | Trabek prey | K | | Lythrariées | Lagerstroemia floribunda | | Hung lang |
| Tsatseu | Tichène | t | | Diptérocarpées | Dipterocarpus toutes variétés | | Dau |
| Tra bi de | Tia bi de | N | | Euphorbiacées | Tetrameles nudiflora | | Dau... |
| **Trăc** | Tine | N | 4·00 | **Légum. pap.** | **Dalbergia cochinchinensis et div** | I. B. | **Trăc** |
| | | | | | Dalbergia fusca | | |
| | | | | | Dalbergia cambodiana | | |
| | | | | | Derris dalbergioides | | |
| Trac bang | Tiac bangua | N | | Légumineuses pap. | Dalbergia cochinchinensis | | Trac |
| Trac deur | Tiac deuar | N | | Légumineuses pap. | Dalbergia nigra | | Trac |
| **Trac liang** | Tiac liangue | A | | Légumineuses pap. | Dalbergia alba | | Trac |
| Trac vang | Tiac vangue | N | | Légumineuses pap. | Dalbergia flava | | Trac |
| Trach | Crok | N | | Diptérocarpées | Dipterocarpus divers intricatus | | Don |
| Tachu | Trach | N | | Légumineuses pap. | Derris dalbergioides | | Trac |
| Trach kr | Trach kr | N | | Lythrariées | Lagerstroemia floribunda | | Bang lang |
| **Trach quach** | Tick enach | A | | LÉGUMINEUSES MIM. | ADENANTHERA PAVONINA | | Trac mien gon |
| **Trago** | Tragor | K | | SAXIFRAGACÉES | POLYOSMA MUTABILIS | | Trago |
| Trai | Tiaille | C | | Rubiacées | Nauclea sp. / Adina polycephala | | Dang de |
| Trai | Tiaille | C | | Diptérocarpées | Shorea vulgaris | | Chai |
| Trai | Taille | C | | Tiliacées | Berrya mollis | | Go thi |
| **Trai** | Taille | C | 250 | **Loganiacées** | **Fagœa fragrans** | S. I. R. | **Trai** |
| **Trai (lý)** | Taille đu | T | 450 | **Guttifères** | **Garcinia fagraeoides** | N. I. R. | **Trui lý** |
| Trai mat | Taille moulte | T | | Guttifères | — | | Trai lý |
| Trai vang | Taille vangue | T | | Guttifères | — | | Trai lý |
| Teak kol | Trequa col | K | | Lythracées | Lagerstroemia floribunda | | Bang lang |
| Trala | Tra loque | K | | Diptérocarpées | Vatica astrotricha | | Lau tau |

| Nom vernaculaire | Prononciation | Dureté | Volume annuel exploité en M³ | Famille | Nom scientifique de l'herbier forestier | Zone de végétation / Degré d'abondance | Nom commercial indochinois |
|---|---|---|---|---|---|---|---|
| Tra lao | Tra lao | Kb | | Diptérocarpées | Vatica fragiana | | Lan lao |
| Tràm | Trame | A | | Burséracées | Canarium divers | | Chòm |
| **Tràm** | *Trame* | C | 18.000 | **Myrtacées** | **Melaleuca leucadendron** | S. C. A. | **Tràm** |
| **Tràm** | *Trame* | C | 5.000 | — | Eugenia Cumingiana | S. L. B. | Tràm |
| Tràu | Ta tiane | A | | Légumineuses mim. | Entada scandens | | Chòm |
| Tramane | Tra ... | A | | Euphorbiacées | Excoecaria oppositifolia | | Kồng mua |
| | | | | | Eugenia paniculata | | |
| Tràm ba ... | Tram ba ... | A | | Myrtacées | — longiflora | | Thô |
| | | | | | — brachyata | | |
| Tràm bou | Trame boati | a | | Ilicées | Ilex eugeniaefolia | | Bồ |
| Tràu ... | Trame dène | A | | Burséracées | Canarium nigrum | | Cừm |
| | | | | | Pisoda nigrum | | |
| Tram do | Tram do | A | | Myrtacées | Eugenia jambos | | Bồ |
| Tram ... | Tram ... | A | | Myrtacées | Eugenia brachyata | | Tràm |
| Tra ... | Tra ... | A | | Rhizophoracées | Carallia lucida | | Sang mua |
| **Tràm hrsng** | Tram hrsng | A | | Connaracées | Kayea ... | | Trắc mựNn |
| Tram ... | Tram ... | A | | Burséracées | Canarium | | Chòm |
| **Tràm hrơng** | *Tram hrơng* | A | | Thymélacées | Aquillaria agallocha | N. L. B. | **Tràm hương** |
| Tram ... | Tram ... | K | | Légumineuses caes. | Lecythophora Finchi | | Lam |
| Tram ... | Tram ... | A | | Myrtacées | Eugenia Cumini | | Tràm |
| Tràm la | Tram la | A | | Myrtacées | Barringtonia longipes | | Cam là ? |
| Tram la ... | Tram la ... | A | | Myrtacées | Tristania burmanica | | Tràm |
| Tram la | Tram ... | A | | Myrtacées | Barringtonia longipes | | Cam dừng |
| Tram ... | Tram ... | A | | Euphorbiacées | Antidesma bunius | | [illegible] |
| Tra ... | Tra ... | M | | Euphorbiacées | Gelonium multiflorum | | Mấy này |
| Tram mua | Trame ... | A | | Myrtacées | Eugenia leptantha | | Tràm |
| Tra ... | Trame ... | A | | Euphorbiacées | Chaetocarpus castanocarpus | | Vồ |
| Tràm ... | Trame ... | A | | Myrtacées | Englido zeylanica | | Tràm |
| Tram ... | Tram ... | A | | Myrtacées | — tinctoria | | Tràm |
| Tràm ... | Trame ... | A | | Myrtacées | — chardos | | Tràm |
| Tràm tr... | Tram ... | A | | Myrtacées | Eugenia brachyata | | Tràm |
| Tràm teang | Tram teang | A | | Burséracées | Canarium copaliferum | | Cừm |
| Tra mua | Tra mua | K | | Rhizophoracées | Carallia lucida | | Sang mua |
| Tra mua | Tra mua | K | | Guttifères | Garcinia Schomburg | | Bồ |
| **Tràm vồi** | Trame ... | A | | Hamamelidées | Artemia convexa | | Tràm vồi |
| Tràm vồi | Tram ... | A | | Légumineuses caes. | Sarcea divers | | Vừng au |
| Tràm ... | Tram ... | A | | Myrtacées | Eugenia tamsensis | | Tràm |
| Tram dang | Tram ... | 3 | | Guttifères | Kayea eugeniaefolia | | Tràm hương |
| Tram tim | Tram ... | M | | Euphorbiacées | Excoecaria oppositifolia | | Hồng sừa |
| Trà mang | Tra ... | K | | Légumineuses pap. | Dalbergia Cambodiana | | Trắc |
| Tra ... | Tam ... | A | | Myrtacées | Tristania burmanica | | Tròm |
| Trao trao | Tra ... | K | | Euphorbiacées | Sapium indicum | | Xồ |
| Trapor | Trapor | K | | Myrtacées | Eugenia chardos | | Tràm |
| Tra song | Tra song | K | | Xanthophyllacées | Xanthophyllum glaucum | | Sang vu |

| Nom vernaculaire | Prononciation | Dialecte | Volume annuel exploité en M³ | Famille | Nom scientifique de l'espèce botanique | Zône de végétation Degré d'abondance | Nom commercial indochinois |
|---|---|---|---|---|---|---|---|
| Trà sơn | Tra sope | K | | Légumineuses caes. | Peltophorum dasyrachis | | Hoàng linh |
| **Trâu** | Trâu | A | 130 | Kramulacées | Aglaures montana | M. L. B. | Tàu |
| **Trâu trâu** | Trâu trâu | A | | Guttifères | Ochrocarpus siamensis | | Tàu tàu |
| Trà vu | Tra vu | C | | Rubiacées | Randia densiflora | | Pa bai |
| Trà vối | Tre vuille | I | | Myrtacées | Eugenia operculata | | Vối |
| Trà sơn | Tra sophur | K | | Ebénacées | Diospyros decandra | | Cau thu |
| Trêm | Trem | k | | Verbénacées | Vitex pubescens | | Binh linh |
| **Trò** | Tro | A | 7,000 | **Diptérocarpées** | **Dipterocarpus tonkinensis** | N. L. N. | **Tro** |
| Trôi | Thuille | A | | Légumineuses caes. | Poinciana racemosa | | Choi |
| Trôi mấu | Thuille maoilli | A | | Euphorbiacées | Antidesma sp. | | Choi mới |
| **Tròm** | Trôme | A | | Sterculiacées | STERCULIA HYPOCHRAPERA | | Tara |
| Tròm trôi | Trôme ui saille | A | | Sonnerratiacées | — | | |
| Trù đỏ | Tim do | I | 2,000 | Rhizophoracées | Kandelia Rheedii | | Chạnh xet |
| Trương | Troungu | A | | Sapindacées | Terraspermium macrophyllum | | Tarasc |
| **Trương** | Troungue | A | | Sacsuciacées | POMGAMIA PINNATA | N. L. N. | Taransc |
| Trương dầu | Troungue duili | A | | Rubiacées | Randia oxyodonta | | Bai |
| **Trương sơn** | Troungue seui | A | | Beaterées | Guazara Jackii | | Laogasc sza |
| Trà xanh | Tra lagu | A | | Rhizophoracées | Rhizophora | | |
| Tỳ | Tsa | TH | | Moracées | Broussonetia papyrifera | | Giấy |
| Trà mấu | Tam magilie | TH | | Diptérocarpées | Parashorea stellata | | Tro |
| Tư | Tsaille | IH | | Moracées | Ficus | | Si |
| Tsou | Tsäure | TH | | Magnoliacées | Talauma gyoi | | Gioi |
| Tse | Tsime | TH | | Juglandées | Pterocarya Stenoptera | | Coi |
| Tsui tsou | Tsuu Liou | L | | Rutacées | Zanthoxylum avicennae | | Man tra |
| Ls ôt | Soaille | TH | | Myristicacées | Knema conferta | | Mau cho |
| **Tu chanh** | Ton bretagne | A | | Onaorées | FRAXINUS ROSTRA | | Ti chanh |
| Tun | Tounie | L | | Dilléniacées | Dillenia | | Si |
| Tung vi | Toaugue ou | GII | | Euphorbiacées | Aleurites Fordii | | Trau |
| **Tung (trâng)** | Toang baengue | A | | Araliacées | HETEROPANAX FRAGRANS | | Dong |
| **Trương vi** | Troungue ci | A | | Lythrariées | LAGERSTROEMIA INDICA | | Troung vi |
| **U** | | | | | | | |
| U ain | Ou Liou | | | Euphorbiacées | Sapium sebiferum | | Xoi |
| Uoi pua dong | Oume pa dingue | MA | | Ulmacées | Gironniera sinensis | | Ngai |
| Uôi | Ceuille | C | | Sterculiacées | Sterculia lychnophora | | Lu roi |
| Uôi | Ceuille | A | | Myrtacées | Psidium Guyava | | Oi |
| Uôi sôi | Ceuille botte | A | | Sterculiacées | Sterculia lychnophora | | Lu roi |
| **V** | | | | | | | |
| Va | Va | L | | Myrtacées | Eugenia tinctoria | | Tràm |
| **Và** | Va | A | | Salicacées | SALIX TETRASPERMA | | Vi |
| Vác | Vac | TH | | Conifères | Fokienia Hodginsii | | Pemou |
| Va cao | Va cuh | TH | | Magnoliacées | Illicium anum | | Hồi |
| Và dong | Va dou | L | | Myrtacées | Tristania burmania | | Tràm |
| **Vải** (ou quả) | Ouete une quoi | A | | **Sapindacées** | **Litchi chinensis** | N. L. B. | **Vải** |

| Nom vernaculaire | Prononciation | Dialecte | Volume annuel exploité en M3 | Famille | Nom scientifique de l'essence botanique | Zone de végétation / Degré d'abondance | Nom commercial indochinois |
|---|---|---|---|---|---|---|---|
| Vai giong | [illegible] | A | | Sapindacées | Mischocarpus frutescens pentapetalus | | Vải |
| Vải sơn | [illegible] | L | | Conifères | Cupressus funebris | | Bách |
| Vải thiều | [illegible] | A | | Sapindacées | Nephelium Bassecoure Lappaceum | N. I. R. | Tu du |
| Vu khao | [illegible] | L | | Myrtacées | Eugenia chanlos | | Trâm |
| **Vưng** | [illegible] | T | 14.600 | Euphorbiacées | Mallotus Cochinchinensis | N. I. R. | Vưng |
| Vang | [illegible] | A | | Myrtacées | Barringtonia racemosa | | V'ane |
| **Vàng anh** | [illegible] | A | | Légumineuses sns caus | Acacia Farnesiana | | Vàng anh |
| Vang bông | [illegible] | A | 500 | | Saraca diva | N. I. R. | |
| **Vàng chang** | [illegible] | A | 715 | | | N. I. R. | |
| **Vang giang** | [illegible] | T | 400 | | | N. I. R. | |
| Vàng noi | [illegible] | A | | Magnoliacées | Manglietia | | |
| **Vàng kiêng** | [illegible] | A | 50 | Rubiacées | Nauclea purpurea | N. I. R. | Vàng kiêng |
| Vàng một | [illegible] | T | | Magnoliacées | Manglietia | | |
| **Vàng nghệ** | [illegible] | C | | Guttifères | Garcinia {Gaudichaudii / Hanburyi} | | Vàng nghệ |
| **Vàng nhựa** | [illegible] | C | | Guttifères | Garcinia Vilersiana | | Vàng nhựa |
| **Vàng nhuộm** | [illegible] | A | | Légumineuses cæs. | Cassia nodosa | N. I. R. | Vàng nhuộm |
| Vang rao | [illegible] | k | | Sapotacées | Schleichera trijuga | | Dâu trừng |
| Vàng cô | [illegible] | A | | Laurinées | Machilus trijuga | | Re |
| Vàng tâm | [illegible] | A | 4.700 | Magnoliacées | Manglietia Fordiana | N. I. R. | Mỡ |
| **Vàng tâm đất** | [illegible] | A | | Légumineuses | Ficus communis | | Vàng tâm đất |
| **Vang trứng** | [illegible] | A | | Ternstroemiacées | Enospermum chinensis | | Vàng trứng |
| Vàng xe | [illegible] | A | | Rubiacées | Adina polycephala | | Vàng xe |
| **Vau núi** | [illegible] | A | | Sarmentacées | Carallia cucurbitoides | | Vau núi |
| Van non | [illegible] | k | | Sapindacées | Schleichera trijuga | | |
| **Vấp** | [illegible] | A | 400 | Guttifères | Mesua ferrea | S. I. R. | **Vấp** |
| Voi | [illegible] | L | | Loganiacées | Strychnos nux vomica | | Lo chi |
| **Vây ốc** | [illegible] | A | 20 | Guttifères | Calophyllum pulcherrinum | | U'ng |
| Vay | — | A | | Ebénacées | Diospyros filipendula | N. I. R. | Vây |
| **Vên vên** | [illegible] | T | 28.500 | **Diptérocarpées** | **Anisoptera cochinchinensis et div** | S. I. N. | **Vên vên** |
| Vên vên đỏ | [illegible] | C | | Diptérocarpées | Shorea maritima | | Vên vên |
| Vên vên trắng | [illegible] | C | | Diptérocarpées | Anisoptera glabra | | Vên vên |
| Vên vên xanh | [illegible] | C | | Diptérocarpées | Anisoptera robusta | | Vấp vên |
| Vẹt đa | [illegible] | A | | Rhizophoracées | Kandelia Rheedii | | Chạch vẹt |
| **Vẹt (đen)** | [illegible] | C | | **Rhizophoracées** | **Bruguiera Gymnorhiza** | S. I. R. | **Vẹt** |
| Vẹt trắng | [illegible] | C | | Rhizophoracées | Bruguiera eriopetala | | Vẹt |
| V. | [illegible] | A | | Magnoliacées | Illicium verum | | Hồi |
| Vên | [illegible] | A | | Myrtacées | Rhodomyrtus tomentosa | | Xim |
| Viêt | [illegible] | A | | Rhizophoracées | Rhizophora conjugata | | Đước |
| Viết | [illegible] | A | | Rhizophoracées | Bruguiera eriopetala | | Vẹt |
| **Viết** | [illegible] | A | | **Sapotacées** | **Payena elliptica** | S. I. R. | **Viết** |
| | [illegible] | T | | | Mimusops Elengi | | Vên Vên |
| Viu viu | [illegible] | C | | Diptérocarpées | Shorea hypochra | | Ba thưa |
| Vo bao | [illegible] | L | | Sterculiacées | Sterculia angustifolia | | Ba thưa |

| Nom vernaculaire | Prononciation | Dialecte | Volume annuel exploité en M³ | Famille | Nom scientifique de l'espèce botanique | Zone de végétation / Degré d'abondance | Nom commercial indochinois |
|---|---|---|---|---|---|---|---|
| Vu dàng | Vo dongue | A | | Ilicacées | Ilex sp. | | Vai |
| Voeur ampil | Veur ampil | K | | Légumineuses mim. | Albizzia Milletii | | Song ràn |
| Vôt | Vatile | A | | Myrtacées | Eugenia operculata | N. L. R. | Vôt |
| Vông | Vongue | A | 1.500 | Légumineuses pap. | Erythrina tonkinensis | N. L. R. | Vông |
| Vông dông | Vongue dongue | A | | Euphorbiacées | Hura crepitans | | Vông bóng |
| Vu | Vou | T | | Lauracées | Cinnamomum ilicioides | M. L. R | Lâu cây |
| Vu | Vou | A | 2.500 | **Euphorbiacées** | **Choctocarpus castanocarpus** | | Vu |
| Vu | Vou | A | | Diptérocarpées | Vatica Tonkinensis | | Lau |
| Vu huong | Vou huongue | A | | Lauracées | Cinnamomum ilicioides | | Củ hương |
| Vu mùi | Vou mouife | A | | Lauracées | Cinnamomum Shureeli | | Gù hương |
| | | | | | Cinnamomum sp. | | |
| **Vûng** | Voungue | A | 300 | **Myrtacées** | **Careya arborea** | S. L. R. | **Vûng** |
| Vung | Voungon | A | | Myrtacées | Barringtonia div. | | Tin long |
| Vu xoay | Vou voungue | A | | Lauracées | Barringtonia pterocarpa | | cù hương |
| **X** | | | | | | | |
| Xa | Sa | T. | | Moracées | Broussonetia papyrifera | | Giông |
| **Xa** | Sa | A | | Légumineuses pap. | Antiaropsis Pristae | | Xa |
| Xi | Sa | Th. | | Myrtacées | Lagenia operculata | | Vôi |
| Xa bôk | Sa bok | Tr. | | Myrtacées | Eugenia operculata | | Xô |
| Xa mét | Salle mette | A | | **Légumineuses alba.** | Dialium cochinchinensis | | Nâu |
| Xa ? | Sacate | A | | Mélastomacées | Memecylon edule | | Sam |
| Xa tan | sa tat | A | | Diptérocarpées | Vatica Dyeri | | Làu tôu |
| Xa mot | Xa mote | H. | | Conifères | Cunninghamia sinensis | | Sa mou |
| **Xam ram** | samtae rame | A | | Sterculiacées | Stereulia Blearrxan | | Xàm xam |
| Xam xa | Samue sa | K | | Sterculiacées | Turriclia cochinchinensis | | Huông |
| Xa ngùm | Sa mume | L | | Myrtacées | Eugenia operculata | | Vôi |
| Xang | saugue | A | | Combrétacées | Terminalia chebula | | Choàc lèu |
| Xang ba | Xangae ba | A | | Linacées | Ivesanthes cochinchinensis | | He an |
| **Xang ôi** | Sangue ouille | A | | Connaracées | Thinsuvsita contrusxa | | Xào ôi |
| Xang xa | Saugue sa | rH | | Sapindacées | Sapindus longana | | Nhãn |
| Xanh | Sagne | A | | Moracées | Ficus indica | | Da |
| Xao tou | Sane lone | K | | Rubiacées | Xanthonea coffeoides | | Càu |
| Xay | Satle | A | | Légumineuses caes. | Dialium cochinchinensis | | Xoay |
| **Xên** | Sêne | C | 3.000 | **Diptérocarpées** | **Shorea cochinchinensis et div.** | S. L. B | **Xên** |
| Xong bau | Songue bau | A | | Combrétacées | Combretum quadrangulare | | Sang ké |
| Xi | Si | A | | Moracées | Ficus sp. | | Si |
| Xiông | Xiougue | L | | Bombacées | Bombax vulgaris | | Gao |
| **Xim** | Cime | A | | Myrtacées | Rhodomyrtus tomentosa | I. A | Xim (arbriste) |
| Xim quat | Sime quatle | A | | Légumineuses pap. | Dalbergia nigrescens | | Quỳnh quạch |
| Xit xa | Site Sa | A | | Rutacées | Toddalia aculeata | | Xit xa |
| Xiông | Sioungue | A | | Anacardiacées | Semecarpus Thorelii caudata | | Lèhé |
| Xnoul | Snoule | K | | Légumineuses pap. | Dalbergia Saigonensis | | Càm lai |

| Nom vernaculaire | Prononciation | Dialecte | Volume annuel exploité en M³ | Famille |
|---|---|---|---|---|
| **Xö** | xeï | | | |
| **Xoài** | xoaïlle | A | | Térébinthacées |
| Xoài rừng | xoaïlle vernjne | A | | **Anacardiacées** / Anacardiacées |
| **Xoan** | xoane | A | 18.000 | Méliacées |
| Xoan đào | xoane đào | T | | |
| **Xoan đâu** | xoane đâuy | A | 2.500 | Rosacées |
| **Xoan mộc** | xoane mộc | A | 800 | **Méliacées** |
| Xoan [illegible] | xoane [illegible] | A | | Anacardiacées |
| Xoan nhừ | xoane nhừ | A | | Anacardiacées |
| **Xoan rừng** | xoane rừng | A | 100 | Anacardiacées |
| Xoan ta | xoane ta | A | | Méliacées |
| Xoan tây | xoane tây | A | | Méliacées |
| Xoan trắng | xoane trắng | A | | Méliacées |
| **Xoay** | xoaïe | C | 400 | Lég. cæs. |
| Xóa | xóa | C | | Anacardiacées |
| Xoài lớn | xoaïlle lớn | | | Anacardiacées |
| Xoài mút | xoaïlle mute | | | Anacardiacées |
| Xoài [illegible] | xoaïlle rute | | | Anacardiacées |
| X[illegible] | [illegible] | M. | | Euphorbiacées |
| **Xôi** | xôïe | A | 25 | Ericacées |
| Xoi | xoïlle | A | | Combrétacées |
| X[illegible] | [illegible] | B. | | Sterculiacées |
| X[illegible] | xo com | M. | | Verbénacées |
| **Xú** | xúe | A | 100 | Mimosacées |
| **Xứa** | xứa | A | 12 | **Légum. mim.** |
| X[illegible] | [illegible] | A | | Anacardiacées |
| **Xung đa** | [illegible] | A | | Dipterocarpées |
| Xun đào | xun leune | A | | Méliacées |
| **Xun psuan** | xun psuan | Ca. | | **Conifères** |
| X[illegible] | [illegible] | A | 35 | Rutacées |
| X[illegible] ca | [illegible] | A | | Tiliacées |
| X[illegible] ca | [illegible] | A | | Méliacées |
| Xương mọt | [illegible] | A | | Méliacées |
| Xuyên [illegible] | [illegible] | A | | Méliacées |
| Xuyên một | xuyên molle | A | | Méliacées |
| **Y** | | | | |
| Ya | ya | T | | Rhizophoracées |
| Yeang | yeang | K | | Diptérocarpées |
| Yên trang | [illegible] | A | | Annonacées |
| Yeng Ylang | Yeng Ylang | | | Anonacées |



| Nom scientifique de l'école botanique | Zône de végétation / Degré d'abondance | Nom commercial indochinois |
|---|---|---|
| Thea sasanqua | | Xô |
| **Mangifera indica** | S. I. B. | Mécon |
| Swintonia Pierrei | S. I. B. | Mécon |
| Melia { azadirachta / indica / excelsa / integrifolia } | N. L. N. | Xoan |
| Esenia? latifolia | | |
| Pygeum monterov | N. I. B. | Xoan đâu |
| Cedrela Toona | I. B. | **Xoan mộc** |
| **Toona febriguga** | | Xoan rừng |
| Spondias tonkinensis | | Xoan rừng |
| Spondias mangifera | | Xoan [illegible] |
| Spondias tonkinensis | N. I. B. | Xoan [illegible] |
| Melia azedarach | | Xoan |
| Melia azedarach | | Xoan |
| Melia azedarach | | Xoan |
| **Dialium cochinchinensis** | S. I. B. | **Xoay** |
| Mangifera foetida | | Muôn |
| Mangifera spa | | [illegible] |
| Mangifera cochinchinensis | | Muôn |
| | | Muon |
| Antidesma Ghaesembilla | | [illegible] |
| Sarcot sigargio? | N. I. B. | Xoi por [illegible] |
| Aingelema Pierrei | | Bau |
| Sterculia hypochra | | Tiler |
| Vitex pubescens | | Bình Binh |
| Amarrhus maris | N. I. B. | Xu |
| **Albizzia Lebbekoïdes** | S. I. B. | **Xứa** |
| Semecarpus Therelii caudata | | Lule |
| Siphonops verastrucus | | Xung đa |
| Melia azedarach | | Xun |
| **Podocarpus Cupressina** | | **Xun psuan** |
| Castron hervum var. hostrata | S. I. B. | Xương ca |
| Elæocarpus d'espèce dubius | | La mcone |
| Grapa mekongensis | | Dưa đưa |
| Toona febrifuga | | Xoan mộc |
| Melia Azedarach | | Xu |
| Toona febrifuga | | Xuyên một |
| | | |
| Ceriops Roxburghiana | | Dà |
| Diptérocarpus lèvites validés | | Dầu |
| Xylopia Pierrei | | Giền |
| Cananga odorata | | Sô Gy |

NOMS  SCIENTIFIQUES

| Nom scientifique de l'espèce botanique | | Référence scientifique | Nom commercial indochinois | Noms vernaculaires divers avec indication de la langue ou du dialecte |
| Genre et espèce | Famille | | | |
|---|---|---|---|---|
| **A** | | | | |
| Abroma augusta L. | Sterculiacées | A1 | Bom Vang | Bom-Wan (A) |
| Acacia arabica (Willd.) | Légumineuses mimosées | A1 | Muong | Muông-gai (A) |
| Acacia farnesiana (Willd.) | — id — | A1 | Keo | Keo-ta, Man-côi (A) Sam-buor-meas (K) Kum-tai (L) Mak kou kong (L) |
| Acacia Lebbek (Willd.) | — id — | A2 | Muông | Muông (A) |
| Acanthus volubilis (Wall.) | Acanthacées | A5-3 | ô rô | |
| Acer campbellii (H. K. et T.) | Acéracées | A2 | Chân vịt | Chân vịt (A) tin pöt (Thô) |
| Acer tonkinense (H. Lec.) | — id — | A1 | | Mong thau-dâu (A) |
| Acronychia laurifolia Bl. | Rutacées | A1 | Buổi bung | Buổi-Bông, Cat sat, Chay-dai, Bi-hai, Cam moro (A) Ca-vi (moï) Panot, Kra-mol, Bangall (K) Mak thao sang (L) Viên cam moc, Yin kan tchion (laï) |
| Actinodaphne Cochinchinensis Meissn. | Lauracées | A2 | Lào | Nô (A) |
| Actinodaphne sp. ners. | — id — | A3 | Re | Re-mít (A) |
| Adenanthera microsperma (Teijsm. et Binn.) | Lég. mimosées | A2-3 | Trach quach | Kiên Kiên, Chu mé, Chu mé dat (A) |
| Adenanthera pavonina Linn. | — id — | A1-2 | Trach quach | Trach quach (A) Man trey (K) Rang rang (A) |
| Adina cordifolia Hook. | Rubiacées | A1-2 | Gão | Gão, Gão rừng, Gão vàng gio vây (A) Kdol, Kwao, Cole (K) ga toul ou gu tui (moï) căng gião (Thô) |
| Adina polycephala Benth. | — id — | A1 | Đăng đé | Trai, Vang ve, Dang dé (A) |
| Adina sessilifolia Hook. | — id — | A1 | Gão | Gão, Gão vàng, Thanh hoa (A) Kop tap tao (L) Roleai thom (K) Căn lương (L) Gão lương |
| Egiceras majus Roxb. | Myrsinacées | A5-3 | Xú | Su ou Xú (A) Trú (C) |
| Ægle marmelos Linn. | Rutacées | A1 | Bau nau | Mak toum (L) |
| Esculus chinensis Bge. | Sapindacées | A1 | Keu | Bac keu (A) Maclay (L) |
| Esculus sp. (Bge.) | — id — | A1 | id — | Keu (A) |
| Afzelia bijuga (A. Gray.) | Lég. cæsalpinées | A1-2 | Gu | Go nước (A) |
| Aglaia aquatica Pierre | Méliacées | A1 | G. | Gui-nước (A) |
| Aglaia baillonii Pierre | — id — | A1 | — | Sodau (A) Sdau phnom ou Sdau pnom (K) |

| Genre et espèce | Famille | Référence scientifique | Nom commercial indochinois | Noms vernaculaires divers avec indication de la langue ou du dialecte |
|---|---|---|---|---|
| Aglaïa cambodiana (Pierre) | Méliacées | A1 | Gôi | Dom pong kom ou Dom pong kou (K) |
| Aglaïa cochinchinensis (Pellegrin) | — id — | A1 | — id — | Nang gia (A) |
| Aglaïa cucullata Pellegrin | — id — | A1 | — id | Gira ngira (A) |
| Aglaïa domestica (Pellegrin) | — id — | A1 | — id — | Lon bon (A) |
| Aglaïa Dupereana Pierre | — id — | A1 | — id — | Ngâu (A) |
| Aglaïa euphorioïdes P. | — id — | A1 | — id | Gôi hang ou Gôi an (A) |
| Aglaïa gigantea (Pellegrin) | — id — | A1 | — id — | Gôi núi (A), Bá mu (Thô) |
| Aglaïa Korthalsii Pellegrin | — id — | A1 | — id — | Dok pao (L) |
| Aglaïa merostela (Pellegrin) | — id — | A1 | — id — | Ba chia (A) |
| Aglaïa odorata Loureiro variété repanensis | — id — | A1 | Ngâu | Ngâu dai, Muy, Ngâu (A) Muy (A) |
| Aglaïa oligosperma (Pierre) | — id — | A1 | Gôi | Gôi (A) |
| Aglaïa pirifera (Hance) | — id — | A1 | — du — | Gôi oy (A) Mochoal, Dom brong dou (K) |
| Aglaïa pleuropteris P. | — id — | A1 | Ngâu | Ngâu rừng (A) |
| Aglaïa polystachya (Wall.) | — id — | A1 | Gôi | Gôi nước (A) |
| — pyramidata (Hance) | — id — | A1 | — id — | Gôi trắng (A) |
| Aglaïa quocensis Pierre | — id — | A1 | — id — | Gôi oy (A) |
| Ailantus fauveliana P. | Simaroubacées | A1 | Cam tong huong | Sôm thôm, (A) cam tong huong |
| Ailantus malabarica D.C. | — id — | A1 | Thanh that | Suât ou Lá luch (A) |
| Mangium chinense Lour. | Cornacées | A1 | Thôi | Thôi chanh, Ba chet, Mou tia (A) Cò cha pà (mường) Cò mang dam |
| Mangium costulatum Valeton | — id — | A1 | Nâu | Nâu (A) Aloang ou nay sa biê: (moï) |
| Mangium salviifolium (Wangerin) | — id — | A2 | ? | Choi moi (A) |
| Albizzia Lebbek Benth | Lég. Mimosées | A1 | Xúa | Chrês (K) |
| Albizzia Lebbekkoïdes Benth. | — id — | A1-3 | Xúa | Sửa ou Xúa (A) Cam dran, Xúa trach (A) Chong riek (K) Mai kang (L) |
| Albizzia lucida Benth. | Lég. Mimosées | A3 | Ban xe | Bản xe, Vang lau, Thô (A) Mù lac răng (mán) |
| Albizzia Milletii Benth. | — id — | A1 | Song can | Kena han (L) Voeur ampil (K) song rau |
| Albizzia myriophylla Benth. | — id — | A1 | — id — | Song rau (A) |
| Albizzia procera Benth. | — id — | A1 | Mu cua | Mu cua (A) |
| Albizzia stipulata (Boivin) | — id — | A2-3 | Chua | Chŭ me, Chua me (A) Cò mac răng (mường) Chàm sa bo deng (mán) chrês (K |

| Nom scientifique de l'espèce botanique | | Référence scientifique | Nom commercial | Noms vernaculaires divers avec indication de la langue ou du dialecte |
| --- | --- | --- | --- | --- |
| Genre et espèce | Famille | | Appellations indochinoises | |
| Albizzia vialenea (Pierre Fl.) | Lég. mimosées | A1 | Sông ràn | Sông rang (A) |
| Alchornea tiliœfolia (Müll.) | Euphorbiacées | A1 | Dom dom | Nong hia (A) Dong chau, Domdom |
| Aleurites cordata (Müll.) | Euphorbiacées | A1-2 | Trau | Bu, Vong tong (A) Cô Cao, May ho (L) Trâu (A) |
| Aleurites fordii (Hemsl.) | — id — | A1 | — id — | Thau copo (A) Tong ion, Tung yu (chinois) |
| Aleurites moluccana (Willd.) | — id — | A1-3 | Lai | Lai, Ly (A) May lai, Mac nhau (mường) (Bancoulier) |
| Aleurites montana (Pierre) | — id — | A3-4 | Trau | Trau ou Chau, Dâu Son (A) Mayho (L) Mac can (Mường) (abrasin) |
| Alstonia scholaris (R. Br.) | Apocynacées | A3-8 | Sua | Sua (A), mua cua |
| Altingia chinensis (Champ.) | Hamamélidées | A2 | Trâm vôi | Trâm vôi (A) |
| Altingia gracilipes (Hemsl.) | — id — | A2 | Tô hôp | Tô hôp (A) |
| Altingia excelsa | — id — | — id — | | Tô hôp (A) |
| Amoora (Roxb.) | Méliacées | A3-8 | Gôi | Gôi núi (A) Beng Kheou |
| Amoora gigantea (Pellegrin) | — id — | A3-4 | — id — | Gôi, Gôi tê, Gôi tia, Gôi do, Gôi bông súng (A) Chomnay-Poréang (K) |
| Anisoptera (Korth) | Diptérocarpées | A1 | Vên vên | May bao (L) |
| Anisoptera cochinchinensis | — id — | A1 | Vên vên | Vên vên ou Vin vin (A) Mediet, Phdiec (K) Ton tabak (siam) Bac (L) |
| Anisoptera glabra (Kurz) | id — | A1 | — id — | Vên vên trang (A) Phdiec so (K) |
| Anisoptera robusta (Pierre) | id — | A1 | — id — | Vên vên xanh (A) Phdiec (K) |
| Anneslea fragrans (Wall) | Ternstroemiacées | A1-2 | Luông xuông | Laut (moi) Luông xuông (A) Se phik (L) |
| Anogeissus acuminata (Wall.) | Combrétacées | A1 | Ram | Ram (A) |
| Anogeissus Pierrei (Gagnep.) | — id — | A1 | — id — | Xoï (A) |
| Anogeissus rivularis (Gagnep.) | — id — | A1 | — id — | Ram (A) Réang phnom (K) |
| Antheroporum Pierre (Gagnep.) | Lég. Papilionacées | A1 | Xa | Xa (A) |
| Anthocephalus indicus (Rich.) | Rubiacées | A1 | Phay | Gao Phay vi (A) |
| Anthostyrax tonkinense (Pierre) | Styracidées | A3-4 | Bô dê | Bô dê trang (A) Mu khôa deng (mán) Nhan (?) chang la (Ho) |
| Antiaris toxicaria (Leschen.) | Moracées | A3-8 | Sui | Sui ou Suôi, Cong, Thôi, Sâu, Nhat (A) |

| Nom scientifique de l'espèce botanique | | Référence scientifique | Nom commercial indochinois | Noms vernaculaires divers avec indication de la langue ou du dialecte |
|---|---|---|---|---|
| Genre et espèce | Famille | | | |
| Antidesma Bunius Spreng. | Euphorbiacées | A1-8 | Choi moi | Choi moi, Trau trau (A) Kho liên tu Ca (L) |
| Antidesma coriaceum (Bl.) | — id — | A1 | — id — | Chong Kong dak (L) |
| Antidesma Eberhardtii Gagnep | — id — | A1 | — id — | Komâu (L) |
| Antidesma ghesembilla (Gaertn.) | — id — | A1 | — id — | Choi moi, Cham moi, Chua moi, Chua moi Mã ca Xôson (A) Dam kiếp dam |
| Antidesma japonicum (Benth.) | — id — | A1 | — id — | Choi moi Mot trang (A) |
| Antidesma sp (L.) | — id — | A2 | — id — | Troi-moi (A) |
| Aphanamixis megalophylla (C. D. C.) | Méliacées | A3-4 | Goi | Gội trắng (A) |
| Apodytes cambodiana Pierre | Icacinacées | A2 | Dâu | Dâu ou Dâu (A) |
| Apodytes gimng (A. chev.) | — id — | A3 | Dâu | Chôn Chôn, Giang (A) |
| Apodytes tonkinensis | — id — | A3 | Dâu | |
| Aporosa ficifolia (Baill.) | Euphorbiacées | A1 | Giau dat | Krong (K) |
| Aporosa microcalyx (Hassk.) | — id — | A1 | — id — | Thăm ngăm Côm nếp, Giàu dât, Ngôm, Mot, Mirong, Mau âu (L) |
| Aporosa plachoniana (Hook.) | — id — | A1 | — id — | Dâu dat, Sămzoa |
| Aporosa sphaerosperma (Gagnep) | — id — | A1* | Ha ngăm | Ha ngăm (A) |
| Aporosa tetrapleura (Hance) | — id — | A1 | Giau dat | San (A) |
| Aquilaria agallocha (Roxb.) | Thyméliacées | A2 | Gió | Gió (A) Bois d'aigle |
| Archytica vahlii (Chois.) | Ternstrœmiacées | A1 | | Chung nôm (K) |
| Atalantia districta (Merril.) | Rutacées | A1 | Quit | Mau câu tia, Quit hoi, Quit trang (A) |
| Artocarpus (Forst.) | Moracées | A3-8 | Mit | Mit mat (A) Knor (K) My (L) |
| Artocarpus hirsuta (Lamk.) | — id — | A2 | Mit | Mit nai (X) |
| Artocarpus integrifolia (Lim.) | — id — | A2-8 | — id — | Mit, Mit giai (A) mj (Tho) |
| Artocarpus polyphema (Pers.) | — id — | A8 | Kimoi | Chay (A) |
| Artocarpus tonkinensis (A. chev.) | — id — | A3 | Kimoi | Chay, Chay to (A) Chay (Tho) |
| Astranthus cochinchinensis (Lour.) | Hamamélidées | A4 | | Chai (A) |
| Averrhoa acida (A. chev.) | Oxalidacées | A3 | Khe chua | Khê chua (A) Phường (L) |
| Averrhoa acida (A. chev.) | — id — | A2 | — id — | Khê ngọt (A) |
| Averrhoa carambola (Lim.) | — id — | A1-2 | — id — | Khê, Học, Khê ginnh (A) Cò phương (cương) phường (Tho) |
| Avicennia alba (Bl.) | Verbénacées | A2-8 | Mâm | Mâm trăng (A) |
| Avicennia officinalis (Kurz.) | — id — | A2-8 | — id — | Mâm den (A) |
| Azadirachta indica (Juss.) | Méliacées | A1 | Xoa | Sadâu Sallêa Dom Sdau Khiêu (K) hac (L) |

| Nom scientifique de l'espèce botanique | | Référence scientifique | NOM COMMERCIAL INDOCHINOIS | Noms vernaculaires divers avec indication de la langue et du dialecte |
| --- | --- | --- | --- | --- |
| Genre et espèce | Famille | | | |
| Baccaurea annamensis (Gagnep.) | Euphorbiacées | A1 | Giâu dât | Dâu tiên, dâu dât (a) A loang bo loang (M) Mo lan (L) nân âu (L) |
| Baccaurea cauliflora (L.) | — id — | A1-3 | Giâu sât | Dâu gia ou dân dât (A) Dân gia dât (A) |
| Baccaurea oxycarpa (G.) | — id — | A1 | — id — | A luôn sa eoi (Moï) |
| Baccaurea sapida (M.) | — id — | A1 | — id | Dân gia dât, dâu sat, dâu gia, dâu thiên, dân du dâu giat (A) cô Phi (L) hao rùng, Phây (Th) |
| Barringtonia acutangula annamica Gærtn. | Myrtacées | A1 | Vông | Vung, Rân Rung, Bô Mung sau (A) |
| Barringtonia Eberhardtii Gagnep. | Myrtacées | A1 | Vông | Mun (A) |
| Barringtonia longipes Gagnep | — id — | A1 | Cam lang | Cam lang, Men lac, Tram lan, Tram la, Som la Tam lam (A) |
| Barringtonia pterocarpa Kurz | — id | A1 | Vông | Nung ou Vung (A) |
| Barringtonia racemosa (Bl.) | — id — | A1 | Vông | Vang, Tim lang (A) |
| Barringtonia speciosa (F.) | — id — | A1 | Lang bi | Bang-bi (A) |
| Bassia échalis (Chois.) | Sapotacées | As | Sen | Mo eua (A) |
| Bassia latifolia (Roxb.) | Sapotacées | As | Cao | Khên bin (Laos) |
| Bassia Fasquieri (H. L.) | — id — | A2 | Sen | Sên (A) Lau Thôi |
| Bauhinia malabarica (R.) | Lég. cæsalpiniées | A1 | Tai tượng | Tai tượng |
| Bauhinia variegata Linn. | — id — | A1 | — id — | Jok ban (L) |
| Beilschmiedia sphærocarpa | Lauracées | A1 | Cáp choa | hap choa (C) |
| Berrya ammonilla (K.) | Tiliacées | A1 | Gia tri | May sac (L) Gia thi (A) |
| Berrya mollis (Wall.) | — id — | A1 | — id — | Gia thi, Trai (C) Doc-bung (L) |
| Bignonia longissima | Bignoniacées | | Quao | Khvao (K) |
| Bischofia javanica (Bl.) | Euphorbiacées | A1-2-3 | Nâoi | Ninoi, Lôi, Lôi-tia, Sô-trang (A) Ko phum phak (L) phât (Thô) |
| Bixa orellana (Lin.) | Bixacées | A1 | Diêu nhuôm | Siêm phông, Diêu nhuôm (A) Mâe soum hou, soum pou, som phou (L) |
| Bombax malabaricum (D. C.) | Malvacées | A1 | Gạo | Gạo (A) nghin (Thô) nhu (L) |
| Bridelia minutiflora (H. k) | Euphorbiacées | A1 | Chinh dông | Siên doc, Chinh dông (A) Ke tom (L) |
| Bridelia penicillata (Ridley) | — id — | A1 | — id — | Thmeng trey, Tomône lague (K) |

| Nom scientifique de l'espèce botanique | | Référence scientifique | Nom commercial Indo-chinois | Noms vernaculaires divers avec indication de la langue ou du dialecte |
| --- | --- | --- | --- | --- |
| Genre et espèce | Famille | | | |
| Broussonetia papyrifera (Vent.) | Moracées | A1 | Giröng | Dường ou Giường (A) xa (Thô) |
| Brownlowia Denysiana (Pierre) | Tiliacées | A4 | Lo bo | Lo bo la long (A) |
| Brownlowia emarginata (Pierre) | — id — | A4 | — id — | Ach sat (K) |
| Brownlowia tabularis (Pierre) | — id — | A4 | — id — | Lo bo (A) |
| Bruguiera eriopetala (Benth.) | Rhizophoracées | A1 | Vet | Viêt (A) Ban dai thai (A) |
| Bruguiera gymnorhiza (Lamk.) | — id — | A1-3 | Vet | Dước, Dea, (A) Ban dong lai (L) |
| Bruguiera sp. | — id — | A3 | Vet | Dea, dước, viêt, durko, cây cóng (A) |
| Buchanania pallida (Pierre) | Anacardiacées | A4 | ? | Lang kliai (K) |
| Bucklandia tonkinensis (H. Lec.) | Hamamélidées | A2 | | Gôi (A) |
| Butea frondosa (Roxb.) | Lég. Papilionacées | A1 | Răng rang | Giòng giöng (A) Dom kia-nou chian, Dôme chian (K) Dok tian (S. L.) |
| Butea superba (Roxb.) | — id — | A1 | — id — | Chea (K) |
| Baixus cochinchinensis (Pierre) | Euphorbiacées | A1 | Cama | Cama (A) |
| | | | | |
| **C** | | | | |
| Caesalpinia sappan (Linn.) | Lég. Caesalpiniées | A1-3 | Vang nhuôm | Vang (A) Vang nhuôm (A) Sheng (K) |
| Caesalpinia timorensis (D. C.) | — id — | A3 | — id — | Sheng (K) |
| Caesalpinia pulcherrima (Benth.) | Lég. caes. | A1 | Kim phượng | Kangok meas (K) |
| Calophyllum balansae (Pitard.) | Guttifères | A1 | Công | Ruri (A) |
| Calophyllum donguaiensis (Pierre) | — id — | A4 | Công | Công nước (A) |
| Calophyllum dryobalanoïdes (Pierre) | — id — | A1 | — id — | Công tràng (A) Công un (A) Khting (K) Phaong (K) |
| Calophyllum inophyllum (Linn.) | — id — | A1 | Mù u | Mù u (A) |
| Calophyllum pulcherrimum (Wall.) | — id — | A1 | Công | Công (A) Vày ôc (A) |
| Calophyllum retusum (Wall.) | Guttifères | A1 | Công | Công giây (A) |
| Calophyllum saigonense (Pierre) | — id — | A4 | — id — | Công tía (A) Phaong (K) |
| Calophyllum spectabile (Willd.) | — id — | A1 | — id — | Công tau lau (A) Công tràng (A) |
| Calophyllum Thorelii (Pierre) | — id — | A4 | — id — | Công mựu (A) Vày ôc (A) |
| Calophyllum tonkinense (Pitard.) | — id — | A3 | — id — | Ruri (A) Công tía |